如何战胜人性的弱点

——小故事中的大道理

潘鸿生◎编著

RUHE ZHANSHENG RENXING DE RUODIAN
XIAOGUSHI ZHONG DE DADAOLI

北京工业大学出版社

图书在版编目（CIP）数据

如何战胜人性的弱点：小故事中的大道理 / 潘鸿生编著. —北京：北京工业大学出版社，2017.10
ISBN 978-7-5639-5396-7

Ⅰ. ①如… Ⅱ. ①潘… Ⅲ. ①成功心理－通俗读物 Ⅳ. ①B848.4-49

中国版本图书馆 CIP 数据核字（2017）第 205257 号

如何战胜人性的弱点——小故事中的大道理

编　　著：潘鸿生
责任编辑：付春怡
封面设计：天之赋设计室
出版发行：北京工业大学出版社
（北京市朝阳区平乐园 100 号　邮编：100124）
010-67391722（传真）　bgdcbs@sina.com
出 版 人：郝　勇
经销单位：全国各地新华书店
承印单位：香河利华文化发展有限公司
开　　本：787 毫米 ×1092 毫米　1/16
印　　张：18
字　　数：263 千字
版　　次：2017 年 10 月第 1 版
印　　次：2018 年 8 月第 2 次印刷
标准书号：ISBN 978-7-5639-5396-7
定　　价：35.00 元

前　言

一个人在迈向成功的过程中，最大的对手其实是自身的人性弱点。人性有很多弱点，比如虚荣、自私、嫉妒、盲目等，这些弱点会影响人的行为和命运。大凡成功者都能正视这一点，并采取各种有效的方法去克服它、战胜它。如果能真正看透人性弱点，并战胜它们，每个人都可以成为强者，都可以成就一番伟业。

翻阅无数成功人士的奋斗经历不难发现：成功的过程，恰恰是战胜自身弱点的过程。亚历山大、拿破仑因身材矮小而一度自卑，可最终他们战胜自己，在政治上获得辉煌成就；苏格拉底、伏尔泰曾经为失败自暴自弃，可后来他们走出低谷，在学术领域大放光芒；希区柯克和卡夫卡经常要和懦弱焦虑的性格特点做斗争，最后他们都找到了最适合自己的方向，摘取了电影和文学艺术殿堂上的桂冠。

事实证明，每个人都有弱点，但有弱点并不妨碍追求成功的热情和勇气，并不妨碍取得辉煌的成果。要学会认识自身的弱点，承认自身的弱点，逐渐战胜自身的弱点。这并不是自我否定，而是改正的基础、进步的开始、成功的保证。

在人们的成长过程中，同样会有一些坏习惯或者有一些弱点。这些人性弱点时时刻刻都在妨碍着人们的生活、学习和人际交往。因而对于每个人而言，从小养成良好的优点和习惯，战胜自身的缺点、弱点是必须的。事实上，只要得到正确引导，大多数人完全可以摆脱各种弱点的困扰，身心和谐发展。

弱点是可以克服、可以改正、可以战胜的。因为，人的心灵就是一块神奇的土地，你播种一种思想，就会收获一种行为；你播种一种行为，就会收获一种习惯；你播种一种习惯，就会收获一种性格；播种一种性格，就会收获一种命运。

人生来就是有弱点的，不断完善自我，在一生中不断追求完美，这就是生活的意义。一个人如果能发现自己的人性弱点，那么他就成功了一半；一个人如果能够克服自己的弱点，那么他必定有一番大的作为。不过可惜的是，大多数人往往只能看到别人的弱点，而看不到自己的弱点，如果你想做个成功的人，就要从自身寻找原因，将自己的弱点找出来并加以克服。

本书列举了普通人身上常见的一些弱点，并通过现实的案例和具体的改进方法相结合的方式进行讲述。书中所选取的每一个故事都是一块通向成功的铺路石，让读者潜移默化，进而提高自身的综合素质。

目　录

第一章　战胜性格弱点，掌握自己的命运

第一章　战胜性格弱点，掌握自己的命运

不要优柔寡断：只顾思前想后，到最后花儿都谢了

犹豫先生的故事

优柔寡断是经常比错误的行动更糟糕。

——亨利·福特

一位智商一流、拥有大学文凭的才子决心“下海”。

有朋友建议他炒股票，他豪情冲天，但去办开户手续时，他犹豫了：“炒股有风险啊，再等等看。”

有朋友建议他到夜校兼职讲课，他很有兴趣，但快要上课了，他又犹豫了：“讲一堂课，才200元钱，没有什么意思。”

他很有天分，人生却一直在犹豫中度过。两三年过去了，他一直没有“下过海”，依然碌碌无为。

一天，这位“犹豫先生”到乡间探亲，路过一片苹果园，望见满眼都是长势喜人的苹果树。他禁不住感叹道：“上帝赐予了一块多么肥沃的土地啊！”种树人一听，笑着对他说：“那你就来看看上帝怎样在这里耕耘吧。”

【心灵悟语】

犹豫不决是一个人成功的障碍。在人生中，思前想后、犹豫不决固然可以免去一些做错事的可能，但更大的可能是会失去更多成功的机遇。

生活中，很多人有犹豫不决的坏习惯，他们一遇事就举棋不定、不

敢拿主意。他们之所以这样，是因为他们不知道事情的结果会怎样——究竟是好是坏，是凶是吉。他们常常对自己的判断产生怀疑，不敢相信他们自己能解决重要的事情。他们由于犹豫，失去了很多机会，同时也使他们自己美好的想法最终破灭。人应该认真思考，但绝不该犹豫。面对十字路口的时候，不该没有选择，只要认清方向，就该放胆前行，犹豫只会让人胆怯。

优柔寡断错失良机

在懦夫和犹豫不决者眼里，任何事情看上去都是不会成功的。

——司各特

楚汉相争之时，韩信的实力已经不容小觑，他完全可以左右战争的形势。辩士蒯通便对韩信说："当今楚汉二王的命运掌握在你手里，你投靠哪一方，哪一方就会获胜。我愿为你献计献策，帮助你得到最大的利益。目前，你占领着齐国的地盘，如果你从燕赵两地空虚的地方出击，就能控制楚汉的后方。这个时候，你若能满足天下百姓的愿望和要求，天下人就会投奔你而来。顺势者昌，逆势者亡，机遇来了不去把握，自己可能会遭殃。希望你慎重考虑啊！"

从当时的时局来看，韩信有足够的实力称霸。但他对此犹豫不决。不久，蒯通再次劝说他："谋划大事在于时机，时机一旦错过，想要保住目前的地位就很难了。面对机遇要果断做出反应，否则就会错失良机、追悔莫及啊。若只看重小小的计谋，就会无法掌控天下的大局；如果看清楚了局面，却不敢去做，就是百事的祸害。猛虎犹豫不决，不如黄蜂、蝎子用毒刺去蜇人；骏马徘徊不前，不如驽马慢慢地走；勇士孟贲狐疑不定，不如凡夫俗子下定决心。虽然有舜禹那样的智慧，却默默不语，那就不如聋哑人的手势指点。功劳难成，却容易失败；时机难得，却容易失去。时机一旦失去就不会再来了，但愿你认真考虑吧！"

然而韩信仍然在犹豫，他不能下决心背叛刘邦，最后终被刘邦杀害。

【心灵悟语】

当千载难逢的机会来临时，要主动出击，抓住它，让它成就你的事业和人生。否则，犹豫不决，当断不断，最终只会一败涂地，甚至失去立足之处。

无数事实表明，一个能准确而迅速地做出判断的人，他的发展机会要比那些犹豫不决、模棱两可的人多得多。所以，请尽快抛弃那种迟疑不决、反复思量的不良习惯吧！这种不良的习惯会使你丧失一切原有的主张，会无谓地消耗你的所有精力。

一次推销的启示

前途并不属于那些犹豫不决的人，而是属于那些一旦决定之后，就不屈不挠、不达目的誓不罢休的人。

——罗曼·罗兰

某大学一位业务员前去拜访一位房地产经纪人，想把《推销与商业管理》课程介绍给这位房地产经纪人。

这位业务员到达房地产经纪人的办公室时，发现他正在一台古老的打字机上打着一封信。这位业务员自我介绍一番，然后介绍所推销的这个课程。那位房地产商人听得津津有味，听完之后，却迟迟不发表意见。

这位业务员只好单刀直入："你是否想参加这个课程？"这位房地产经纪人没精打采地回答说："哎呀，我自己也不知道是否想参加。"

他说的是实话，因为像他这样难以迅速做出决定的优柔寡断的人有许多。

这位对人性有透彻认识的业务员这时候站起身来，准备离开。但接着他采用了一种多少有点儿刺激性的谈话技巧，他的话让房地产经纪人大吃一惊。

“我决定向你说一些你不喜欢听的话，但这些话可能对你很有帮助。先看看你工作的办公室，地板脏得怕人，墙壁上全是灰尘。你现在所使用的打字机看来好像是大洪水时代挪亚先生在方舟上所用过的。你的衣服又脏又破，你脸上的胡子也没刮干净。你的目光告诉我你已经被打败了。

“在我的想象中，在你家里，你太太和你的孩子穿得也不好，也许吃得也不好。你的太太一直忠实地跟着你，但你的成就并不如她当初所希望的。在你们刚结婚时，她本以为你将来会有很大的成就。

“请记住，我现在并不是向一位准备进入我们学校的学生讲话，即使你用现金预缴学费，我也不会接受。因为，即使我接受了，你也不会拥有完成课程的决心，而我们不希望我们的学生当中有人失败。

“现在，我告诉你你为何失败。那是因为优柔寡断的你没有做出一项决定的能力。在你的一生中，你一直有一种习惯：逃避责任，无法做出决定。错过了今天，即使你想做什么，也无法办到。

“如果你告诉我，你想参加这个课程，但不能参加这个课程，那么，我会同情你。因为我知道，你是因为没钱才如此犹豫不决。但结果你说什么呢？你承认你并不知道你究竟想参加还是不想参加。你已养成逃避责任的习惯，你无法对生活中的所有事情做出明确的决定。”

这位房地产经纪人呆坐在椅子上，下巴往后缩，他的眼睛因惊讶而瞪大，但他并不想对这些尖刻的指控进行反驳。这位业务员道声再见，走了出去，随后把房门轻轻关上，但随即再度把门打开，走了回来。他带着微笑在那位吃惊的房地产经纪人面前坐下来，又说：“我的批评也许伤害了你，但我倒是希望能够触动你。现在让我以男人对男人的态度告诉你，我认为你很有智慧，而且我确信你有能力。你不幸养成了一种令你失败的习惯，但你可以再度站起来。我可以扶你一把，只要你原谅我刚才所说过的那些话。你并不属于这个小镇。这个地方不适合从事房地产生意。赶快替自己找套新衣服，即使向人借钱也要买来。我将介绍一个房地商人和你认识，他可以给你一些赚大钱的机会，同时还可以教你有关这一行业的注意事项，你以后投资时可以运用。你愿意跟我来吗？”

听完这些话，那位房地产经纪人竟然号啕大哭起来。最后，他努力地站了起来，和这位业务员握握手，感谢对方的好意，并说他愿意接受对方的劝告，但要以自己的方式进行。他要了一张空白的报名表，答应报名参加《推销与商业管埋》课程，并且先交了第一期的学费。

三年以后，这位克服了优柔寡断弱点的房地产经纪人开了一家拥有60名业务员的公司，成为当地最成功的房地产商人之一。

【心灵悟语】

古人云：“当断不断，反受其乱。”顾虑重重，怕这怕那，畏畏缩缩，往往会贻误时机，后悔莫及。世间最可怜的，是那些做事举棋不定、犹豫不决、不知所措的人，是那些自己没有主意、不能抉择的人。这种主意不定、意志不坚的人，难以得到别人的信任，也无法使自己的事业获得成功。

战胜弱点小贴士：怎样改正遇事优柔寡断的毛病

1. 树立自信心

一个人一旦有了信心，就会变得乐观开朗勇敢，遇到事情就会果断决定，所以，首先要树立自信心。

2. 迅速做出决定

有时，在两难的情况下做出决策确实不容易。但是，不管是对还是错，你一定要迅速做出决定，因为你必须尽快采取行动。

3. 不要怀疑已经做出的决定

一旦选择了一个目标或一种实现目标的方法，你就要促使其在现有的条件下尽量取得成功，而不是怀疑所做的决定正确与否。

4. 立即行动

不要给自己留退路，说什么“以后还有机会”“时间还比较充裕”。在制订好计划以后你就没有了后路，唯一的选择就是立即行动。立即行动，使你保持较高的热情和斗志，能够提高办事的效率。只有立即行动才能挤出比别人更多的时间，比别人提前抓住机遇。

5. 从小事做起

因为小事上的决断不仅容易做到，而且即使错了，也不会引起多大的遗憾。随着决断程度的不断提高，你就可能不断强化自己的性格，从而培养出在关键时刻做出正确决断的能力。当断则断，你才能真正掌握生活的主动权。

不要过分自卑：它令你离成功越来越远

哈佛最自卑的人

自卑并不可怕，只要把自卑摆到桌面上来，找出自卑的原因和表现，从容面对，自卑就成了一只纸老虎，一戳就破了。

——毕淑敏

丽莎是来自美国阿肯色州的学生，也是她所在的镇里唯一来哈佛大学读书的人。在她准备启程去哈佛大学之前，当地人都为她能到哈佛上学而感到自豪，她自己也庆幸能有这样好的机遇。

但是，丽莎的兴奋劲儿还没过，忽然对自己的感觉越来越糟糕了。她在哈佛过得很辛苦，上课听不懂，说话带土音，许多大家都知道的事自己却一无所知，许多她知道的事大家却觉得好笑。她开始后悔到哈佛来。她不明白自己为什么要到哈佛来受这份羞辱，同时更加怀念在家乡的日子。在那里，没有人瞧不起她。

感到孤独无比的丽莎，觉得自己是全哈佛最自卑的人。无奈之下，她求助于心理医生。

心理医生对她是这样诊断的：

她已跨入了个人成长的“新世纪”，可她对已经过去了的“旧世纪”仍恋恋不舍。

她对于生活的种种挑战，不是想方设法加以适应，而是躲在角落，惊恐地望着它们，哀叹自己的无能与不幸。

她对于能来哈佛上学这一辉煌成就已感到麻木不仁。她的眼睛只盯着当前的困难与挫折，没有信心去再创造一次人生的辉煌。

她习惯了做羊群中的骆驼，不甘心做骆驼群中的小羊。

她以高中生的学习方法去应付大学生的学习要求，自然格格不入，可她抱残守缺，不知该如何改变。

她因为自己来自小地方，说话土里土气，做事傻里傻气，就认定周围的人在鄙视她、嫌弃她。可她没有意识到，正是因为她的自卑，才使周围人无法接近她、帮助她。

她生长在美国中南部地区，来东海岸的波士顿求学，面临的是一种乡镇文化与都市文化的冲突。她没有想到，哈佛对她来说，不仅是探索知识的殿堂，也是文化融合的熔炉。

她身材瘦小，长相平常，多年来唯一的精神寄托就是学习。可眼下，面临来自世界各地的“高手”，她已再无优势可言。

她长相平庸，学习成绩又平庸，这就彻底打破了她多年来的心理平衡点，使她陷入了空前的困惑中。她悲叹自己来哈佛是个错误。可她忘了，多年来，正是这个哈佛梦在支撑着她的精神。她虽然战胜了许多竞争对手进入哈佛大学求学，却输给了自己的妄自菲薄。

她怨的全是别人，难怪她会在哈佛有自卑的感觉。她只有跳出往日光辉的“怪圈”，全身心投入“新世纪”，才能重新振作起来。

总而言之，丽莎的问题核心就在于她往日的心理平衡被彻底打破了，她需要在哈佛大学建立新的心理平衡。

为此，心理医生对她采取了三个咨询步骤。

第一个步骤是帮助她宣泄不良情绪，调整她的心态，使她能够积极地面对新生活。

丽莎陷入自卑的沼泽中，认定自己是全哈佛最自卑的人，这说明她过于夸大了自己精神痛苦的程度，看不到自己在新环境中的价值。心理医生承认她当前面临的困难是她人生中前所未有的，所以她反映出来的情绪也是很自然的。同时，心理医生告诉她，对哈佛的不适应，产生种种焦虑与自卑反应，这在哈佛很普遍，并非她一个人这样。这使丽莎产生了“原来很多人也和我一样”的感觉。

第二个步骤是竭力引导丽莎把比较的视野从别人转向自己。丽莎的自卑是在与同学的比较中形成的，她感到自己处处不如别人，事事都不顺心，因而觉得自己好像是天鹅群中的丑小鸭。她在来哈佛大学前，学习成绩一直很好，但到哈佛后最好的成绩不过是4分。

以前，从来都是别人向她请教，但现在，她要经常向别人请教。因此，丽莎当初那份引以为自豪的自信已荡然无存。原先，丽莎一直是教师心目中的得意门生、校园里的风云人物和众人羡慕的对象。可如今，她已成为校园里最不起眼的人。

这一系列的心理反差，使丽莎产生了自己是哈佛大学的一个多余的人的悲叹。她没有意识到，自己之所以会有这样的心理反差，是因为在以往与同学的比较中，她获得的尽是自尊与自信；但现在与同学的比较中，她获得的尽是自卑与自怜。

所以，心理医生竭力让丽莎懂得在新的环境里，学会多与自己比，而不与别人比。如果一定要与别人比的话，还要注意到别人在学习成绩、意志等方面不如自己的一面。

接下来，心理医生开始帮助丽莎采取具体行动，厘清学习中的具体困难，并制订相应的学习计划克服困难。同时，让丽莎参加了一个哈佛本科生组成的学生电话热线服务小组，让丽莎在帮助别的同学的同时，也结交了不少新的朋友。更重要的是，丽莎在帮助他人的过程中，重新感到自信心在增长，感到哈佛大学需要她，她不再是哈佛大学多余的人了。

【心灵悟语】

自卑是自己为自己设置的障碍，只有建立自信，跨越这道门槛，自卑者才能集中精力和斗志去发展自己的事业，开始一种新的生活。

俗话说："尺有所短，寸有所长。"我们不仅要看到自己的短处，也要客观看到自己的长处，肯定自己的成绩，并且将优点和长处进一步放大，进而克服自己的自卑感。世界上许多成功人物之所以能做成大事，走的就是这条超越自卑的路。一个人只有客观地评价自己和他人，才有助于肯定自己，才可能克服自卑感。

别把自己当成二等公民

一个做主角的非有天才不可。可是天才在于自信，在于自己的力量。

——高尔基

五年前，斯蒂芬·阿尔法经营的是小本农具买卖。他过着平凡而又体面的生活，但并不理想。他家的房子太小，家人也没有钱买他们想要的东西。阿尔法的妻子并没有抱怨，很显然，她只是安于天命，但并不幸福。

阿尔法的内心深处变得越来越不满。当他意识到爱妻和他的两个孩子并没有过上好日子的时候，心里就感到深深的刺痛。

幸运的是，今天一切都有了极大的变化。现在，阿尔法有了一所占地2英亩（1英亩=0.004047平方千米）的漂亮的新家。他和妻子再也不用担心能否送他们的孩子上一所好的大学了，他的妻子在花钱买衣服时候也不再有那种犯罪的感觉了。明年夏天，他们全家都将去欧洲度假。阿尔法过上了真正的幸福生活。

阿尔法说：“这一切的发生，是因为我利用了信念的力量。五年以前，我听说在底特律有一个经营农具的工作。那时，我们还住在克利夫兰。我决定试试，希望能多挣一点儿钱。我到达底特律的时间是星期天的早晨，但公司与我面谈还得等到星期一。晚饭后，我坐在旅馆里冥思苦想，突然觉得自己是多么可憎。‘这到底是为什么？’我问自己，‘失败为什么总属于我呢？’”

阿尔法不知道那天是什么促使他做了这样一件事：他取了一张旅馆的信笺，写下几个他非常熟悉的、在近几年内远远超过他的人的名字。他们取得了更多的权力和工作职责。其中两个原来是邻近的农场主，现在已搬到更好的地方去了，其他两位阿尔法曾经为他们工作过，最后一位则是他的妹夫。

阿尔法问自己：“什么是这五位朋友拥有的优势呢？他把自己的智力与他们做了一个比较，阿尔法觉得他们并不比自己更聪明，而他们所受的教育、他们的人品、个性等，也并不拥有任何优势。终于，阿尔法想到了另一个成功的因素，即主动性。阿尔法不得不承认，他的朋友们在这一点上胜他一筹。

当时已快深夜三点钟了，阿尔法的脑子却还十分清醒。他第一次发现了自己的弱点——缺少主动性。因为在内心深处，他并不看重自己。

阿尔法坐着度过了长夜，回忆着过去的一切。从他记事起，阿尔法便缺乏自信心，他发现过去的自己总是在自寻烦恼，自己总对自己说不行，不行，不行！他总在表现自己的短处，几乎他所做的一切都表现出了这种自我贬值。

终于阿尔法明白了：如果自己都不信任自己的话，那么将没有人信任他！

于是，阿尔法做出了决定：“我一直都把自己当成一个二等公民，从今往后，我再也不这样想了。”

第二天上午，阿尔法仍保持着那种自信心。他暗暗以这次与公司的面谈作为对自己自信心的第一次考验。在这次面谈以前，阿尔法希望自己有勇气提出比原来工资高七百五十甚至一千美元的要求。但经过这次自我反省后，阿尔法认识到了他的自我价值，因而把这个目标提到了三千五百美元。

结果，阿尔法达到了目的。他获得了成功。

【心灵悟语】

自信是一种心态，指对自己很有信心，能看到自己的优缺点，并且能扬长避短，能充分认识自己，对自己有一个正确和适当的评估，既不妄自菲薄又不狂妄自大。人有了这份自信心，才可能有勇气去争取达到更高的目标。你可以敬佩别人，但绝不可忽略了自己；你也可以相信别人，但绝不可以不相信自己。在这个世界上，我们每个人都是独一无二的奇迹，有属于自己的造化。所以，只有正确认识自己的价值，对自己充满自信，不断发挥自身的潜力，才能将生存的意义充分体现出来。

相信自己

先相信自己，然后别人才会相信你。

——罗曼·罗兰

英格丽·褒曼18岁的时候，梦想在戏剧界成名，可是她的监护人——奥图叔叔却要她当一个售货员或者什么人的秘书。他知道褒曼非常固执，于是答应给她一次机会，让她去参加皇家戏剧学院的考试，考不上就必须服从他的安排。

考试的前几个星期，她给皇家剧院寄去一个棕色的信封，如果失败了，棕色的信封就退回来；如果通过了，就给她寄来一个白色信封，告诉她下次考试的日期。

英格丽·褒曼精心准备了一个小品，表演一个快乐的农家少女，逗弄一个农村小伙子。她比他还大胆，她跳过小溪向他走去，手叉着腰，朝着他哈哈大笑。

考试那天，英格丽·褒曼上台了，她跑了两步往空中一跳，就到了舞台的正中，放声大笑，紧跟着说出了第一句台词。这时，褒曼很快地瞥了评判员一眼，使她惊奇的是评判员正在聊天，他们大声谈论着，并且比画着。英格丽·褒曼见此情景，非常绝望，连台词也忘掉了。她听到评判团主席说：“停止吧！谢谢你，小姐……下一个，下一个请开始。”

英格丽·褒曼仅在舞台上待了30秒钟就下台了。她什么人也看不见，什么声音也听不见。她认为她能做的只有一件事：投河自尽。

她来到河边，看着河面。河水是暗黑色的，泛着油光，肮脏得很。她想，等她死了别人把她拖出来的时候，身上会沾满脏东西，还得吞下那些脏水。“嗯！这不行。”她把自杀的念头打消了。

第二天，有人告诉她到办公室去取白信封。

白信封？！她有了白信封？！

她真的拿到了白信封。她被录取了。

若干年以后，英格丽·褒曼碰到了那个评判员，便问他：“请告诉我，为什么在初试时你们对我那么不好？就因为你们那么不喜欢我，我曾经想过自杀。”

那评判员瞪大眼睛望着她：“不喜欢你？亲爱的姑娘，你真是疯了！就在你从舞台侧翼跳出来，来到舞台上的那个瞬间，你站在那儿向着我们笑，我们就转身彼此互相谈论着：‘好了，她被选中了，看看她多么自信！看看她的台风！我们不需要再浪费一秒钟，还有十几个人要测试呢！叫下一个吧！’”

英格丽·褒曼差点儿让一时的消极念头毁了自己的前程！

【心灵悟语】

相信自己是对自己的充分肯定，是对自己能力的认同。一个连自己都不相信的人，又能相信谁呢？

一个人失败的最大原因，就是对于自己的能力永远不敢充分信任，甚至自己认为必将失败无疑。所以，请相信自己，并相信自己的能力，这是我们的力量的源泉、精神的支柱和前进的动力。相信自己的人可以化渺小为伟大，化平庸为神奇，会产生奋斗的勇气和力量。

战胜弱点小贴士：怎样改变自卑的性格

1. 全面了解自己，正确评价自己

学会从多角度看问题，全面辩证地看待和评价自己，不仅要如实地看到自己的短处，也要恰如其分地看到自己的长处，切不可因自己的某些不如人之处而看不到自己的如人之处和过人之处。你不妨将自己的嗜好、特长、能力和兴趣一一列举出来，哪怕是微不足道的东西你也不要忽略。然后，你再和其他的同龄人比较。全面、辩证地看待你自身的情况和外部的世界，认识到人不可能十全十美，所谓的价值体现在通过自己努力达到自己力所能及的目标。从而对自己的弱项和自己遭到的失败持有理智的态度，既不自欺欺人，也不看得过于严重。你应该以积极的心态面对现实，这样的话自卑便失去了它存在的温床。

2. 转移注意力

一个人既不可能十全十美，也不可能一无是处。不要老是关注自己的弱项和失败，而应将注意力和精力转移到自己最擅长也最感兴趣的事情上去，从中你将获得乐趣与成就，也会驱散你自卑的阴影，强化你的自信，从而缓解你的心理压力和紧张。

3. 对自己的自卑进行心理分析

可以在心理医生的帮助下运用这种方法。具体的做法是通过对自己早期经历的回忆和自由联想，分析和找出导致自己自卑心态的深层次原因。并弄清楚，自己的自卑情结是因为某些早期的经历逐渐形成的，并且已经进入潜意识，一直在影响着我们的心态。然而，目前的自卑感其实与你自己的现实情况无关。这样的话，就可以从根本上消除自卑情结。

4. 行动证明自己的能力与价值

对于一个人是否有价值，用不着进行深刻的思考，也用不着问别人。当然，有人需要你，你就具有价值；因为你能做事，你就有相应的价值；你能做成多大的事情，这样的情况下你就有多大的价值。你可先选择你自己较有把握也较有意义的事去做，完成了之后，再去寻找另一个目标。这样的话，你就可以不断地收获成功的喜悦，从而在收获成功的喜悦时不断地走向更高的目标。记住，每一次成功都将弱化你的自卑感，强化你的自信心，而一连串的成功自然会使你的自信心逐渐趋于平衡和巩固。当你感觉到自己能够干成一件你以为很了不起的事情时，你还有什么理由去怀疑你自己存在的价值呢？

5. 运用积极的自我暗示

当遇到某些情况感到信心不足时，不妨运用语言暗示："别人行，我也能行。""别人能成功，我也能成功。"从而增强自己改变现状的信心。经常回忆因自己努力而取得成功的事，或合理想象将要取得的成功，以此激发自信心。

不要畏首畏尾：机会就是这样溜走的

成大事只要一点点勇气

勇气是人类最重要的一种特质，倘若有了勇气，人类其他的特质自然也就具备了。

——丘吉尔

美国UT斯达康（中国）有限公司总裁、海外归国留学生吴鹰，1986年在国外留学时曾去应聘一位著名教授的助教。这是一个难得的机会，收入丰厚，又不影响学习，还能接触到最先进的科技资讯，但当吴鹰赶到报名处时，那里已挤满了人。

经过筛选，取得报考资格的各国留学生共有30多人，成功的希望实在渺茫。考试前几天，几位中国留学生使尽浑身解数，打探起教授的情况来。几经周折，他们终于得知，主持这次考试的教授曾在朝鲜战场上当过中国军队的俘虏！

中国留学生们这下全死心了，认为把时间花在不可能的事情上，再愚蠢不过了！他们纷纷宣告退出。吴鹰的一位好友也劝他说："算了吧，把精力分出来多刷几个盘子，好歹还能挣点儿学费！"但是吴鹰并未有一丝动摇，还是如期参加了考试。在教授面前，他很能放得开，将自己完全融入了助教的角色中。

"OK！就是你了！"当教授给了吴鹰一个肯定的答复后，又微笑着说，"你知道我为什么录取你吗？"吴鹰诚实地摇摇头。

"其实你在所有的应试者中并不是最好的，但你不像你的那些同胞。他们看起来好像很聪明，其实挺愚蠢，更没有勇气。你们是为我工作，只要能给我当好助手就行了，还想几十年前的事干什么？我很欣赏你的勇气，这就是我录取你的原因。"

走出考场，吴鹰立刻被同胞们围了起来。听说他被录取了，那几位中途退出的留学生不由得顿足捶胸，遗憾多好的机会被错过了。后来吴鹰听说，教授当年的确是做过中国军队的俘虏，但中国士兵对他很好，根本没有为难过他，他至今还念念不忘呢。

如今，吴鹰的公司股市值已达70多亿美元，他被美国著名的商业杂志《亚洲之星》评选为最有影响力的50位亚洲人之一。吴鹰承认，当初求职的经历对他以后事业的影响是至关重要的。

【心灵悟语】

人们常说，机遇是留给有准备的人的，但任何准备都是要有前提的。抱怨自己没有机会的人，多半是缺乏勇气的。人们无法相信一个面对挑战毫无勇气可言的人，会能支撑到机遇的来临。

勇气是面对任何事物都无所畏惧的心理状态。如果没有勇气，不敢去尝试，你永远都不会拥有任何机会。无论做什么事，首先要有勇气。有了勇气，才敢于做事，才能最终战胜困难和挫折，到达成功的彼岸。尤其是在竞争激烈的环境中，只有那些充满勇气的参与者，才有可能获得机遇。

战胜恐惧的巴顿将军

每个人都会有恐惧的时候，勇敢的人能正视恐惧，克服恐惧。

——佚名

第二次世界大战期间，巴顿将军在北非、地中海和欧洲战场上屡建奇功，威震四方，被誉为“血胆将军”。

一位将领要统率千军万马，驰骋疆场，必须具有勇冠三军的胆量。巴顿青少年时期就雄心勃勃，心存大志，并努力锻炼自己的胆量，克服恐惧心理，发誓要把自己培养成一个勇猛无畏的人。

巴顿小时候发现自己虽然勇敢，但在危险面前并非毫无顾虑。于是他决定锻炼胆量和勇气，改变自己，努力去克服自己隐藏在内心深处的恐惧心理，并时刻以“不让恐惧左右自己”自勉。

在西点军校学习期间，他有意锻炼自己的勇气。在骑术练习和比赛中，他总是挑最难越过的障碍和最高的跨栏。在西点军校的最后一年里，有几次狙击训练。训练中他突然站起来把头伸进火线之内，要试试自己的胆量。为此他受到父亲的责备，巴顿却满不在乎地说：“我只是想看看我会多么害怕，我想锻炼自己，使自己不胆怯。”

这种锻炼，使他的性格变得异常刚毅果断，这种性格自始至终贯穿其整个军事生涯。

巴顿在作战中，总结出两条座右铭，那就是：“果断，果断，永远果断！”“攻击，攻击，再攻击！”在进攻德军并取得胜利的布列塔尼战役中，他的这种指挥思想得到了充分的体现——身为集团军司令的巴顿，命令第8军冒着两翼和后方暴露和挨打的危险，向2英里（1英里约为1.6千米）外德军防守的布雷斯特进攻。这使得那些参谋们非常担忧，认为这是铤而走险的做法。但巴顿却认为，战机稍纵即逝，当时德国空军已被逐出诺曼底地区，德军大部分装甲部队也被牵制于其他战场无法脱身，正面之敌其实不堪一击，因而要果断进攻，不能畏缩不前。

巴顿抓住战机，果断地指挥部队快速挺进攻击，使德军措手不及，从而把德军赶出了布列塔尼半岛的内陆，取得了此次战役的胜利。

他的勇猛果断，使他赢得了“血胆将军”的称号，并因在第二次世界大战中取得了赫赫战功而被授予四星上将。

巴顿在“不让恐惧左右自己”这一格言的激励下，实现了自己的雄心壮志。

【心灵悟语】

其实，很多时候恐惧都是我们自己强加给自己的。当不祥的预感、忧虑的思想在你心中出现时，你不应当纵容它们逐渐滋长，应该拿出勇气与它们相对抗。只要有勇气与信心，从心态上战胜恐惧，你就可以步步向前，迈向光明。正如罗斯福所言：“克服恐惧最佳的对策，就是勇敢地面对它。”

冒险的收获

当一个人敢于用自己来冒险，敢于体验新的生活方式时，他就有可能变化和发展。

——赫伯特·奥托

“二战”结束后，有一位年近六旬的老翁，敏锐地感觉到未来的石油业发展应该集中在中东。他要在中东开发石油，在美国的炼油厂提炼。但当时

中东地区的石油早已被世界上7家实力雄厚的大公司所控制，要想打进去十分困难。可是没有人会想到，老翁竟然看中了沙特阿拉伯与科威特之间的一块不毛之地。这是一个属于两国共管的中立区，是一大片荒漠。老翁聘请的石油地质学家驾着飞机从空中观察地形地貌，断定那下面埋藏着石油。经过谈判，老翁获得了60年石油开采特许权，但他必须满足沙特提出的相当苛刻的条件，要冒极大的风险。美国石油工业界许多人公开指出，这样做注定要破产，他们认为那里根本不可能产油。但老翁很有信心，他敢于这样做，是因为他认为在沙特开采石油成本低廉，着眼于石油价格上涨因素，他断定那个地方从长远来看一定能赚到大钱。4年中，他先后投了4000万美元，但只产出少量劣质油。这种油很难提炼，几乎没有商业价值。石油工业界的预言似乎已经被证实了，连他本人也显露出焦躁不安的情绪，毕竟他已经不再年轻。然而，在经历了4年之久的不断挫折之后，成功终于向勇敢的人招手了。该地区的高产油井被一口接一口地打了出来，他的财富开始成倍地增加……这位颇有冒险精神的老翁叫保罗·盖蒂，他是当今最负盛名的石油大亨。

无独有偶，1956年，58岁的哈默购买了西方石油公司，开始做石油生意。石油是最能赚钱的行业之一，也正因为最能赚钱，所以竞争尤为激烈。初涉石油领域的哈默要建立起自己的石油王国，无疑面临着极大的竞争风险。首先碰到的是石油被几家大石油公司垄断，哈默无法插手；其次沙特阿拉伯是美国埃克森石油公司的天下，哈默难以染指……

如何解决油源问题呢？1960年，当花费了1000万美元勘探基金而毫无结果时，哈默再一次冒险地接受一位青年地质学家的建议：旧金山以东一片被德士古石油公司放弃的地区，可能蕴藏着丰富的天然气。这位地质学家建议哈默的西方石油公司把它租下来。哈默又千方百计从各方面筹集了一大笔钱，做了这次冒险的投资。当钻到860英尺（约262米）深时，终于钻出了加利福尼亚州的第二大天然气田，估计价值在2亿美元以上。

【心灵悟语】

冒险与收获常常是结伴而行的，风险和利润的大小也是成正比的，巨大的风险能带来巨大的效益。险中有夷，危中有利。要想有卓越的成果，就要敢冒风险。

“无险不足以言勇。”没有勇敢品质的人，不敢冲破世俗和传统习惯，不敢为天下先，不会有惊人之举，不会做出惊天动地的事业，不具有创新精神。在很多情况下，强者之所以成为强者，就是因为他们敢为别人所不敢为。如果缩手缩脚，即使有比别人更新的思想，也只能错过机会。

当今社会处处充满了竞争，充满了风险，如果你想很好地立足于社会，必须具备敢于冒险、不怕困难、不怕失败的勇敢精神。只有敢于冒险，才会有更多的成功机会。

战胜弱点小贴士：怎样改变胆小怯弱的性格

1. 去做自己不敢做的事情

不管做什么事情，只要是自己过去从来没想过自己可以做的事情，都可以让自己“变勇敢”。所以要多去做那些自己不敢做的事，例如一个人旅行，一个人去看病，等等。

2. 反复面对自己害怕的东西

美国斯坦福大学神经科学家戈尔丁认为，消除恐惧感最有效的方法就是反复面对自己害怕的东西。这是一种行为疗法，能逐步降低恐惧感。比如，害怕在大庭广众面前讲话，可先在父母、朋友面前说话，慢慢鼓起勇气面对更多人。

3. 适当地参加一些锻炼坚强勇敢品格的活动

一个人的品格的形成要通过各种活动的历练，一些体育运动能让我们变得勇敢起来，比如溜冰、游泳、爬山、过独木桥等，既可以锻炼身体，又磨炼了品格，何乐而不为呢?

4. 培养冒险精神

在人生中，思前想后、犹豫不决固然可以免去一些做错事的可能，但更大的可能是会失去更多成功的机遇。这种得不偿失的结果对我们来说是更大的损失。因此，我们必须学会冒险，学会去尝试，因为生活中最大的危险就是不冒任何风险。只有敢于冒险，才会有更多成功的机会。

5. 积极行动

积极的行动可以驱散内心的恐惧感。只要能够积极行动，就能越来越勇敢，跳出自己的舒适区。所谓的勇敢便是明明知道很可能会失败，仍然积极行动。在停止思虑、展开行动的那一刻，内在自信的种子就会开始萌芽、生长，内心的恐惧感就会逐渐消失。

不要狂妄自大：必须改变自负的不良性格

狂妄的狮子

意外的幸运会使人冒失、狂妄，然而经过磨炼的幸运则使人成为大器。

——培根

在非洲广袤的大草原上，狮子被尊为百兽之王。

有一天，狮子在自己的领地上巡视时，遇到一只正在寻找猎物的狼。

狮子为了要让狼知道自己是百兽之王，就向这只狼大吼道：“狼，你说一说，在这儿谁是百兽之王？”

狼惊慌地回答：“大……大王，您就是百兽之王啊！”

狮子听后，很满意地继续向前巡视去了。

过了一会儿，狮子遇到一只在矮树上采水果吃的狒狒。

狮子为了要让狒狒知道自己是百兽之王，又向狒狒大吼道：“狒狒，你来说说，在这儿谁是百兽之王？”

狒狒很害怕地回答：“大王，当然是您，您就是百兽之王！除了您之外，还能有谁呢？”

狮子听了十分得意，优哉游哉地继续巡视它所管辖的草原王国。

不久，狮子又遇到一只大象，大象正在大口大口地吃着树上的叶子。

狮子为了要让大象知道自己是百兽之王，便向大象大吼道：“大笨象，在这儿谁是百兽之王？”

大象听了并不回答，忙着吃它的鼻子所卷下来的树叶。

狮子恼羞成怒，用力地狂吼一声，跳到大象的身旁：“喂，本大王在跟你说话，你是聋子还是哑巴呀？”

大象仍是一言不发，突然转过身来，用长长的鼻子卷起狮子，猛力向上一扔，将狮子甩向远方的一棵大树，把狮子撞得鼻青脸肿。

狮子从地上爬起来，夹着尾巴艰难地走回来，向大象说道：“我只是想讨论一下谁是百兽之王而已，你不知道答案也就算了，又何必动粗呢？真是一点幽默感都没有……”

【心灵悟语】

生活中，也不乏如狮子一般的人。他们眼里只有自己，狂妄自大，不知道天外有天，人外有人，因此，被撞得鼻青脸肿就是件很正常的事情了。

俗话说：“鼓空声高，人狂话大。”凡是狂妄自大的人，都过高地估计自己，过低地估计别人。他们口头上无所不能，评人论事谁也看不起，总是说这个不行，那个也不行，只有自己最行。这些人的结局往往是失败。所以说，做人一定要虚怀若谷，切不可恃才傲物，盛气凌人，更不可小看他人，目中无人。

站在巨人肩上的牛顿

虚心使人进步，骄傲使人落后，我们应当永远记住这个真理。

——毛泽东

被人们称为“力学之父”的牛顿发现了万有引力定律；在热学上，他确定了冷却定律；在数学上，他提出了“流数法”，建立了二项定理，和莱布尼兹几乎同时创立了微积分学，开辟了数学史上的一个新纪元。他是一位有多方面成就的伟大科学家，然而他非常谦逊。

当年，牛顿费尽心血，发现了万有引力定律后，没有急于发表。而是继续孜孜不倦地研究了数年，埋头于数字计算之中，从未对任何人讲过一句。后来，牛顿的朋友、天文学家哈雷，在证明一个关于行星轨道的规律时遇到困难，专程登门请教牛顿。牛顿把自己关于计算万有引力的手稿交给哈雷看。哈雷看后才知道他所要请教的问题正是牛顿早已解决、早已算好的问题，心里钦佩不已。

在1684年11月某一天，哈雷又到牛顿的寓所拜访。当谈到有关天文学的学术问题时，牛顿拿出论证万有引力的论文，请哈雷提意见。哈雷看后，对这巨著感到非常惊讶。他欣喜地对牛顿说：“这真是伟大的论证、伟大的著作！”他再三奉劝牛顿尽快发表这部伟大著作，以造福于人类。可是牛顿没有听信朋友的好意劝告去轻易地发表自己的著作，而是经过长时间的一丝不苟的反复验证和计算，确认无误后，才于1687年7月将《自然哲学的数学原理》正式发表。

曾经有人问牛顿：“你获得成功的秘诀是什么？”牛顿回答说：“假如我有一点微小成就的话，没有其他秘诀，唯有勤奋而已。”他又说：“假如我看得远些，那是因为我站在巨人们的肩上。”

这些话多么意味深长啊！它生动地道出牛顿获得巨大成就的奥妙所在，这就是站在前人研究成果的基础上，勤奋地创造，开辟出科学的新天地。

【心灵悟语】

世界上只有虚怀若谷的求知者，没有狂妄自大的成功者，唯有谦虚才能让自己不断进步。这就是牛顿以及所有人的成功之道。

一个人不管自己有多么丰富的知识，取得了多么大的成绩，或是有了何等显赫的地位，都要谦虚谨慎，不能自视过高。只有心胸宽广，博采众长，才能不断地丰富自己的知识，增强自己的本领，进而创造出更大的业绩。

落水的博士生

一知半解的人，大多不谦虚；见多识广有本领的人，一定谦虚。

——谢觉哉

有一位博士毕业后来到一家公司工作，成为公司里学历最高的一个人。

有一天，他到单位后面的小池塘去钓鱼，正好正副总经理在他的一左一右，也在钓鱼。他只是微微点了点头，和两个本科生有啥好聊的呢？

不一会儿，总经理放下钓竿，伸伸懒腰，噌噌噌从水面上如飞一般地走到对面上厕所。

博士的眼睛睁得都快掉下来了。“水上漂？不会吧？这可是一个池塘啊。”总经理上完厕所回来的时候，同样也是噌噌噌地从水上漂回来了。怎么回事？博士生又不好去问，自己是博士生啊！过了一阵儿，副总经理也站起来，走了几步，噌噌噌地漂过水面上厕所。这下子博士更是差点昏倒：“不会吧，难道我到了一个江湖高手集中的地方？”

博士生也内急了。这个池塘两边有围墙，要到对面厕所非得绕十分钟的路，而回单位又太远，怎么办？

博士生不愿意去问两位总经理，憋了半天后，也起身往水里跨：“我就不信本科生能过的水面，博士生不能过！”

只听咚的一声，博士生栽到了水里。

两位总经理将他拉了出来，问他为什么要下水，他反问：“为什么你们可以走过去呢？”

两位总经理相视一笑：“这池塘里有两排木桩子，由于这两天下雨涨水正好在水面下。我们都知道这些木桩的位置，所以可以踩着桩子过去。你怎么不问一声呢？”

【心灵悟语】

上例中博士落水的原因，其实就因为他自恃高明，而不屑于向别人求教。现实中，这类人很多，他们对自己估价过高，瞧不起他人。其实，涉世之初，很多人都不太了解社会，不熟悉各行各业的特点，更不了解自己所在单位运行的详细程序，所以，遇到问题不要不懂装懂，擅自下结论或匆忙表态，应该多虚心求教。

在生活中，我们要时刻保持谦虚的态度，多向有经验的人学习，学习他们身上好的品质。相信别人的成功都是因为具有独到的优点。你若能从他们身上吸取各自的优点，你就是一个十分了不起的人物。

战胜弱点小贴士：怎样改变自负的性格

1. 全面认识自我

我们要辩证地认识自己，不能总是把自己的长处和优点挂在嘴边，甚至拿别人的缺点和自己的优点比较。我们要知道，每一个人都有自己的不足和长处，有些东西别人不如我们，但是有些事情我们不如别人。不要总觉得自己天下无敌，我们要辩证地看自己。

2. 与人平等相处

自负者通常自视清高，认为自己无所不能，无论在观念上还是行动上都无理地要求别人服从自己。平等相处就是要求自负者以一个普通社会成员的身份与别人平等交往。

3. 正确面对他人的批评

自负者的致命弱点是不愿意改变自己的态度或接受别人的观点，接受批评是针对这一特点提出的方法。生活中，有人只希望得到别人的赞扬，一听别人的批评就不高兴，甚至骂人。比如说他懒惰、指出他的错误，他就翻脸不认人。这是不谦虚的表现。谦虚的人敢于承认错误，勇于接受批评。优秀的人应该懂得谁都会有缺点、都可能犯错误，伟大人物也是这样，要正视自己的缺点，虚心接受他人的批评和建议。

4. 保持谦虚的态度

我们每个人要把自己当作新生的婴儿，虚心地向身边的每一个人学习。骄傲会让你止步不前，只有谦虚才会让自己有长进。

不要悲观失望：唯有乐观向上，生活才会充满色彩

性格迥异的两兄弟

悲观主义像鸦片一样，是一种有毒的物质。虽然有时可以入药，但绝对不能当饭吃。

——切斯特顿

有一对兄弟，一个出奇地乐观，一个却非常悲观。

有一天，他们的父母希望兄弟俩的性格都能改变一些。于是，他们把那个乐观的孩子锁进了一间堆满马粪的屋子里，把悲观的孩子锁进了一间放满漂亮玩具的屋子里。

一个小时后，他们的父母走进悲观孩子的屋子时，发现他坐在一个角落

里，一把鼻涕一把眼泪地在哭泣。原来，他不小心弄坏了玩具，怕父母会责骂自己。

当父母走进乐观孩子的屋子时，发现孩子正在兴奋地用一把小铲子挖着马粪，把散乱的马粪铲得干干净净。看到父母来了，乐观的孩子高兴地叫道："爸爸，这里有这么多马粪，附近肯定会有一匹漂亮的小马，我要给它清理出一块干净的地方来！"

这个乐观的孩子就是后来的美国总统里根。他从报童到好莱坞明星，再到州长，直至当上了美国总统。在这个过程中，积极乐观的性格起了很大的作用。

【心灵悟语】

乐观与悲观，代表两种不同的人生态度，两种对人生不同的看法。乐观的人在危机中看到的是希望，悲观的人看到的是绝望。乐观的心态能把坏的事情变好，悲观的心态会把好的事情变坏。生活中，乐观的人能看到事情比较有利的一面，期待最有利的结果；悲观的人则总是看到事情不利的一面，强化不利的结果。

其实，世间事都在自己的一念之间。我们的想法可以把世界变成天堂，也可以把世界变成地狱。这个世界就像多棱镜一般，这一面是不幸，另一面可能就是幸运。如果能以一颗乐观的心态去对待，不幸就可以转化为幸运。

乐观的汤姆

人生的道路都是由心来决定的。所以，无论自己处于多么严酷的境遇之中，心头都不应为悲观的思想所萦绕。

——稻盛和夫

汤姆在22岁那年进入军中服役，并且奉命参加了一场战役。但不幸的是，在那次战役中，他受了严重的眼伤，眼睛因此看不见东西。虽然他承受着巨大的伤害和痛楚，个性仍然十分乐观。他常常与其他病人开玩笑，并把自己的香烟和糖果赠给病友。

医生们都尽心尽力想帮助汤姆恢复视力，但没有效果。有一天，主治医师亲自走进汤姆的病房，对他说道："汤姆，你知道，我一向喜欢向病人实话实说，从不欺骗他们。我现在要告诉你，你的视力是不能恢复的。"

时间似乎停止下来，病房里呈现出可怕的静默。

"我知道。"汤姆终于打破沉寂，他平静地回答道，"其实，我一直都知道会是这个结果，但我还是非常谢谢你们为我费了这么多的功夫。"

几分钟之后，汤姆对他的病友说道："我觉得我没有任何理由绝望。不错，我的眼睛瞎了。但和聋子相比，我能听见声音；和下肢瘫痪者相比，我能行走；和哑巴相比，我能说话。据我所知政府还可以协助我学得一技之长，让我维持生计。既然生活如此善待我，我更要好好地活着。其实，我现在所需要的就是适应一种新生活罢了。"

【心灵悟语】

汤姆面对不幸，没有怨恨，没有自卑，只有对生活的感激——感激在命运给予他不公平的同时，生活恰如其分地填补了这些缺陷，赐予他一颗乐观豁达的心。

乐观的人具有积极的心态，他们对待事物，不看消极的一面，只看积极的一面。有一位智者说过："生性乐观的人，懂得在逆境中找到光明；生性悲观的人，却常因愚蠢的叹气，而把光明给吹熄了。当你懂得生活的乐趣，就能享受生命带来的喜悦。"的确，乐观的人，凡事都往好处想，以欢喜的心想欢喜的事，自然成就欢喜的人生；悲观的人，凡事都朝坏处想，越想越苦，不得不面对烦恼的人生。生活是美好的，虽然不免有些伤心和痛苦，但这些都是生活的本色，所以我们要勇敢而乐观地面对它。

两个机会

别老往坏处想，否则你只会越来越悲观失望。

——李开复

美国加州有位刚毕业的大学生，在一次冬季大征兵中他依法应征，即将到最艰苦也是最危险的海军陆战队去服役。这位年轻人自从获悉自己被海军陆战队选中的消息后，便显得忧心忡忡。在加州大学任教的祖父见到孙子一副魂不守舍的模样，便开导他说：“孩子啊，这没什么好担心的。到了海军陆战队，你将有两个机会，一个是留在内勤部门，一个是分配到外勤部门。如果你分配到了内勤部门，就完全用不着去担惊受怕了。”年轻人问祖父：“那要是我被分配到了外勤部门呢？”祖父说：“那同样会有两个机会，一个是留在美国本土，另一个是分配到国外的军事基地。如果你被分配在美国本土，那又有什么好担心的？”年轻人问：“那么，若是被分配到了国外的基地呢？”祖父说：“那也还有两个机会，一是被分配到和平而友善的国家，另一个是被分配到维和地区。如果你分配到和平友善的国家，那也是件值得庆幸的好事。”年轻人问：“那要是我不幸被分配到维和地区呢？”祖父说：“那同样还有两个机会，一个是安全归来，另一个是不幸负伤。如果你能够安全归来，担心岂不多余？”年轻人问：“那要是不幸负伤了呢。”祖父说：“你同样拥有两个机会，一个是依然能够保全性命，另一个是完全救治无效。如果尚能保全性命，还担心它干什么呢？”年轻人再问：“那要是完全救治无效怎么办？”祖父说：“还是有两个机会，一个是作为敢于冲锋陷阵的英雄而死，一个是唯唯诺诺躲在后面却不幸遇难。你当然会选择前者，会成为英雄，有什么好担心的？”

【心灵悟语】

凡事往好处想，内心便充满阳光，这种积极乐观的心态，会激发我们的生命力，让我们永远拥有成功的信心和希望。即便是在身处绝境的情况下，也能以豁达开朗的心胸面对未来。

人生充满了选择，而生活的态度决定一切。相同的世界在不同的人眼中是不同的，有时看法甚至是截然相反的。心态不同，人对同样事物的认识就不同。你用什么样的态度对待你的人生，生活就会以什么样的态度来待你。你消极悲观，生命便会暗淡；你积极向上，生活就会给你许多快乐。

战胜弱点小贴士：怎样改变悲观的性格

1. 坦然面对生活

一个人在心理状况最糟糕的状态下，不是走向崩溃，就是走向希望和光明。有的人之所以有着不如意的遭遇，很大程度上是由于他们个人的主观意识在起着决定性作用，他们选择了逃避，而事实上逃避根本解决不了任何问题。如果他们能够善待自己、接纳自己，并不断克服自身的缺陷，克服逃避心理，克服一个又一个困难，那么他们就能坦然乐观地面对生活，微笑着面对每一天，这样才有可能拥有更加完美的人生。

2. 利用积极的方式进行思考

任何事物都有其两面性，这是事物本身所决定的。只是乐观的人能看到事情比较有利的一面，期待最有利的结果；悲观的人则总是看到事情不利的一面，强化不利的结果。例如人们到花园里散步，看到花坛里的月季花盛开。有人说："哇，多美、好香的月季花呀！"另一个人却说："我最讨厌月季花，全身是刺，不小心被它扎着好痛啊。"同样是看月季花，为什么会有两种截然相反的看法呢？后一种人持有悲观的态度，看问题从消极的方面考虑；而前一种人则具有乐观的态度，凡事看到了好的一方面。可见，一个人生活是否快乐幸福，就看他的态度。好的心态可使人快乐进取，有朝气，有精神。消极的心态则使人沮丧、难过，丧失主动性。所以，对任何事情都要多从好的、积极的、乐观的方面去看，生活才能过得快乐、洒脱，才能树立起积极向上的信心。

3. 与乐观者同行

俗话说，近朱者赤，近墨者黑。研究表明，与什么样的朋友交往会影响到一个人的心态。悲观主义者的消极态度会像疾病一样传染。乐观的情绪也会感染人。因此，我们选择朋友的时候要选择那些乐观健康、积极向上的朋友。选择与乐观向上的朋友交往，你的生活环境也是积极的、乐观的，你的心态自然也就会受到影响。

4. 爱好广泛

一个人如果仅有一种爱好，就很难保持长久的快乐感觉。试想只爱看电视的人一旦晚上没有合适的节目，心中必然会郁郁寡欢。相反，如果你看不成电视时选择读书、看报或运动，同样可以乐在其中。所以，我们要培养自己广泛的爱好。

5. 通过改变环境来调整情绪

每个人都有心情不好的时候。当你心情不好或情绪低落时，不妨去外面走走，看看世界上除了自己的痛苦之外，还有许多幸福的人。如果情绪仍不平静，就积极地去和这些人接触，重建自己的信心。通常只要改变环境，就能改变自己的心态。

不要患得患失：正确看待人生的得失

刘阿姨的无妄之灾

要做到内心强大，一个前提是要看轻身外之物。患得患失的人，不会有开阔的心胸，不会有坦然的心境，也不会有真正的勇敢。

——于丹

65岁的刘阿姨为人大方热情，退休后在家闲来无事，就在儿女的鼓动下参加了小区的老年广场舞队。从此，刘阿姨深深地爱上了广场舞，将全部心血都倾注在广场舞队上。只要舞队有任何活动，刘阿姨都全力支持。随着跳广场舞的人越来越多，广场舞队需要有专门的负责人来管理比赛、购置服装道具等日常事务。刘阿姨认为自己一定会被推举出来担任队长一职。首先，自己对广场舞队的事情最为热心，现在大家用的新音响还是她出钱让儿子购买的；其次，她在跳舞方面非常有天赋，一学就会，经常指导他人。刘阿姨对队长这个职务也非常憧憬。她积极地报名、宣传、写申请，甚至还到舞伴家里去游说，像着了魔一样。

公开投票那天，刘阿姨盛装出席，满怀期待。可是，当票数统计出来后，刘阿姨落选了，以整整十票之差败给从来没被她列入考虑范围的男舞伴。刘阿姨原本的满面春风消失得无影无踪，顿时火冒三丈。她认为队友们不能忽视她多年来对广场舞队的付出，决定站出来和大家理论一番。可是，她刚说出“我很生气”四个字时，就不省人事了。幸亏被紧急送往附近的医院抢救，刘阿姨才脱离了生命危险。经医院诊断，刘阿姨突然晕倒是情绪过分激动引发脑出血所致。

刘阿姨这次与死神的近距离接触，完全是得失心太重造成的。当她觉得自己的付出没有得到应有的回报时，就怒不可遏。而巨大的情绪波动，造成了严重的气血上涌，使脑部毛细血管难以承受压力发生破裂。倘若刘阿姨能够意识到人生不会事事顺心，坦然接受投票结果，就不会遭遇这无妄之灾。

【心灵悟语】

患得患失是人们比较常见的心理问题。生活中有很多人都极其重视个人的得失，这类人整天被患得患失的阴影笼罩，内心纠结，惴惴不安，也正是因为这种的心理，所以活得很辛苦，压力很大。

人生总是有得有失，这本是无可厚非的，但如何正确对待个人得失，却是我们应该深思和慎重对待的。面对得失就应当有一个正常、豁达的态度，既不要在得到时喜不自胜，也不能在失去时悲痛欲绝。能够正视得失，对你的人生观会很有帮助。

得之淡然，失之泰然

只要你不计较得失，人生还有什么困难不能想法子克服？

——海明威

清朝有位名臣叫谢济世，他一生四次被诬告，三次入狱，两次被罢官，一次充军，一次刑场陪斩，经历不可谓不坎坷。雍正四年（1726年），谢济世任浙江道监察御史。他上任不到十天，上疏弹劾河南巡抚田文镜营私误国，贪虐不法，列举田文镜十大罪状。因田文镜深受雍正倚重、宠信，谢济世的弹劾引起雍正的不快，谢济世不看皇帝脸色行事，仍然坚持弹劾。雍正认定谢济世是“听人指使，颠倒是非，扰乱国政，为国法所不容”，免去谢济世官职，下令大学士、九卿、科道会审。严刑拷打之下，虽然没有拿到证据，但仍以“要结朋党”的罪名，拟定斩首，后改为削官谪戍边陲阿尔泰。

经过漫长艰难的跋涉，谢济世与一同流放的姚三辰、陈学海终于到达陀罗海振武营，他们商量着准备去拜见将军。有人告诉他们：“戍卒见将军，一跪三叩首。”姚三辰、陈学海听后，为自己身为读书人要向人行下跪磕头的大礼而难过。唯独谢济世像是没事人似的，心情轻松，不以为意。他对自己的两个同伴说：“这是戍卒见将军，又不是我见将军。”等见到将军，将军对这几个读书人很敬重，免去了大礼，还尊称他们为先生，又是赐座，又是赏茶。出来的时候，姚三辰、陈学海很高兴，脸上露出得意神色，谢济世倒是一脸平静。他说：“这是将军对待被罢免的官员，不是将军对待我，没什么好高兴的。”两个同伴问他：“那么，你是谁呀？”谢济世回答说：“我自有我在。”

【心灵悟语】

在谢济世眼里，没有得意，没有失意，有的是对自我的肯定，淡淡地来，淡淡地去，换来灵台的清净，换来对人生、对社会的宽容和不苛求，得到的是自己内心的宁静和有条不紊。

“得之淡然，失之泰然”是一种心境，是面对一切的不计较，无论是金钱、名利还是地位；坦然，是面对现实的一种从容和泰然。人生之路并不都是充满阳光、鲜花的大道，有时也会有沟沟坎坎、磕磕绊绊。许多的成败得失，并不都是我们能预料到的，也不是我们都能够承担起的。但只要我们努力去做，求得一份付出后的坦然，得到的也会是一种快乐。

吃亏是福

与人共事，要学吃亏。俗语云：“终身让畔，不失一段。”

——左宗棠

汉武帝时期，有个官吏叫主父偃，时任郎中。他为人忠厚老实，遇事谦虚礼让，在朝野中人缘不错。有一年临近除夕，皇上赐给群臣每人一只外藩进贡的活羊。

具体分配时，负责人犯了愁，因为这批羊有大有小，肥瘦不均，难以分发。大臣们纷纷献策：有人主张把羊只通通杀掉，肥瘦搭配，人均一份；有人主张抓阄分羊，好坏全凭运气……

朝堂上像炸开了锅，大臣们七嘴八舌争论不休。这时，主父偃说话了：“分只羊有这么费劲吗？我看大伙儿随便牵一只羊走算了。”说完，他率先牵了最瘦小的一只羊回家过年。

众大臣纷纷效仿，羊很快被分发完毕。就这样，摆在大臣们面前的一道难题迎刃而解。从此，主父偃也赢得了众大臣的尊敬。

后来，这件事传到汉武帝的耳中，汉武帝很欣赏他，他又被提拔为中大夫。主父偃既得到了众大臣尊敬，又得到了皇帝的器重。

对于主父偃来说，吃亏不正是福吗？

【心灵悟语】

懂得吃亏的人才是真正的智者。吃亏是福，关键在于心，在于不计较小小得失。现实生活中，能够主动吃亏的人实在太少。这并不仅仅因为人性的弱点让人很难拒绝摆在面前的诱惑，更是因为大多数人缺乏高瞻远瞩的战略眼光，不能舍弃眼前小利而争取长远利益。其实，学会吃亏，善于吃亏，乐于吃亏，这并不是一个人无能、无用、无知的表现，很大程度上这也是一个人的品行伟大与否、思想高尚与否、行为善良与否的写照。

战胜弱点小贴士：怎样正确看待得失

1. 学会用平常心去看待得失

我们常常都想要拥有很多东西，其实在得到那些东西的时候，也可能会带来另外一些烦恼。当我们用最简单质朴的心去奋斗的时候，我们是单纯的，我们的心情也是愉悦的。如果说美景存在于世界的某个地方，不如说它存在于干净的心田中，心灵豁达开朗，才是人世间最美的风光。

2. 学会放下

人们不快乐的原因，就在于不知如何放下。我们常常会因为一些琐事而烦恼，带着烦恼去忙碌，必然会因为分心和消极情绪而影响我们的生活，事实上，我们担忧的问题通常并不会像我们担忧的那样发生或带来不利影响。既然如此，又何必让这些困扰着自己呢？何不放下，全心地投入生活与学习中，不受这些因素影响呢？

3. 荣辱不惊

人是成功与失败的统一体，当你处在花团锦簇、镁光灯闪烁之时，千万别让荣誉的花环把你套牢。即便在红火之时，也要想到萧条之日，要有经受成功、战胜失败的精神防线。成功不可狂妄，失败更不应气馁。只有这样，才会拥有广阔的心灵空间，得而不喜，失而不忧，超越自我，你为之奋斗的事业才会在前进和曲折的交替中成功。

4. 不要争第一

生活中不该处处强调竞争，只争第一未免太狭隘了。事实上，没有人可以永远守住第一，何况竞争中的第一只是一个虚名而已，没有太多的意义。自在人生的快意，岂是第一的浮名能媲美的？

5. 调整心态，适应规律

我们都有自己的思想，有自己的感情，也有自己的欲望，并且我们始终向往美好的生活。但在人生中难免有些事情是不能为我们左右的，也会有缺憾。就如日出日落、月圆月缺、花开花落，这都是自然规律，是人所不能控制的。所以，我们也要认清这种规律，积极地调整好心态，然后更好地去适应这种规律。

第二章　战胜行为弱点，让自己变得更优秀

不要言而无信：不守承诺的人是不值得信赖的

他把“诚信”抛进了水里

信用是难得易失的，费十年工夫积累的信用，往往由于一时的言行而失掉。

——池田大作

有一个年轻人跋涉在漫长的人生路上，到了一个渡口的时候，他已经拥有了“健康”“美貌”“诚信”“机敏”“才学”“金钱”“荣誉”七个背囊。渡船出发时风平浪静，说不清过了多久，风起浪涌，小船上下颠簸，险象环生。艄公说：“船小负载重，客官须丢弃一个背囊方可安渡难关。”看年轻人哪一个都不舍得丢，艄公又说：“有弃有取，有失有得。”年轻人思索了一会儿，把“诚信”抛进了水里。

年轻人把“诚信”抛进了水里，艄公凭着娴熟的技术将年轻人送到了彼岸。艄公淡淡地说：“年轻人，我跟你来个约定：当你不得意时，就回来找我。”年轻人随意地答应着，却不以为然。他以为，有了身上的六个背囊，他不会有不得意的一天。

不久，他就靠金钱和才学拥有了自己的事业；凭着荣誉和机敏，他睥睨商界，纵横无敌；而健康和美貌更是令他春风得意，娶得如花美人。他逐渐地忘记了摆渡的艄公，忘记了被抛弃的“诚信”。

最近，已到中年的他无数次在梦里惊醒，但这次是电话铃声叫醒了他。电话那头传来惊恐急躁的声音：“老大，我们这边现在不能动手，请指示。”他似乎也开始慌张失措：“无论什么原因，都必须按原计划进行！”

他也不知怎么挂的电话。多年来，他欺骗了所有的人，包括他的对手和亲人：他多次将商品以次充好，他承包的建筑全是豆腐渣工程；他透支着他的荣誉和才能，劝说身边所有人投资给他，却把资金用于贩卖毒品和走私军火；他出入高楼大厦，天天酒池肉林，热衷于夜生活，他的健康和美貌悄然飞逝；他一掷千金，豪赌无度，他背叛妻子，频频外遇。

这所有的一切都是因为他没有诚信！因为没有诚信，他失去了荣誉、金钱、事业、爱情等。这时，他想起了艄公的话。从监狱里出来，他直奔渡口。艄公已不在，只有那里的一条小船依稀是往日的模样。那时的年轻人却已垂垂老矣。

从此，渡口多了一个老艄公。人们总能看到他独自摇着船穿梭在风浪中，似乎在寻找着什么。

【心灵悟语】

人一旦失去了诚信，就很难再找回。从本质上说，诚信是一种人品和修养，是做人的根本准则。孔子曰："人而无信，不知其可也。"信用，是最为可贵的。诚信，作为道德的重要范畴，就是要求人们在一切生活中，做到实事求是，恪守信用。

诚信是一种道德品质和道德规范。无诚则无德，无信则事难成。一个讲诚信的人，能够前后一致、言行一致、表里如一，人们可以根据他的言论去判断他的行为，进行正常的交往。以诚信的态度处世，养成诚信的为人与习惯，以"信"为原则，讲信义、重信义，这样的人才会为人们所接受。

有借有还，再借不难

失足，你可能马上站立；失信，你也许永难挽回。

——富兰克林

迈克成立了一家网络公司，由于资金周转不灵，只得向一位好友借了50万美元，并答应两年后还清。

两年的时间一晃就过去了，迈克的公司因某些原因仍然无法在短时间内还清好友的借款。迈克想尽所有办法，找到各种途径，好不容易筹到了20万美元，可余下的30万美元实在无能为力了。这可如何是好呢？眼见日益接近的还钱日期，迈克愁得几乎头发都快白了。他的太太看着十分心痛，便提议让他向朋友求求情，宽限几天还钱的日子或是先开张空头支票，等有了钱再赶紧补上。谁知，迈克非常生气地向太太吼道："这怎么可能？那我成什么人了？"

经过一夜的反复思考，迈克决定把自己的别墅抵押给银行，希望银行能给他贷款30万美元。可最后银行只同意贷给他27万美元。无奈之下，迈克忍痛割爱，将别墅以30万美元的超低价出售给可以立即付现款的买主。结果他们一家人搬到了一处远郊的小平房里。迈克终于在限期之内还清了好友的钱。

不久，好友打电话给迈克，说是周末想到他家聚聚，可没想到被平时非常好客的迈克一口回绝了。好友很是不解，于是独自前往他家想看个究竟。当好友经过千辛万苦，终于找到迈克的"新家"时，立刻被眼前的景象所惊呆了。当他得知迈克竟是为了按期还钱才变得如此时，感动不已。临走时，好友真诚地说："你这么讲信用，以后有事尽管找我。"

这件事很快传开了，迈克也以诚信出了名。又过了几年，因一次意外，迈克的公司再一次陷入了经济危机，很多朋友都纷纷主动向他伸出援助之手，帮他解决重重危机，让他重新迈入了成功企业家的行列，此后他的事业一直一帆风顺。

每当有人问起迈克的成功经验时，迈克都会深有感触地说："是诚信，诚信使我获得了财富，获得了成功。"

【心灵悟语】

做人做事一定要打出"诚信"的品牌。只要答应过的事情，就要

“言必信，行必果”。只有这样真诚待人，才能得到他人的信任。否则，一切弄虚作假的行为，终究会弄巧成拙，甚至让人失败。

诚信，是一个人，尤其是一个优秀的人所必须具备的品质。无论是什么时候，在与人交往的过程中，每个人都必须坚持诚实的原则，信守自己的诺言，只要答应别人的事，就要尽自己最大的努力去履行诺言。

在竞争日益激烈的今天，诚信已成为每个人立足社会不可或缺的“无形资本”，讲诚信应该是每个孩子应当从小具备的基本生存理念。古往今来，燕昭王千金买马骨、季布一诺千金、宋濂雪夜赴约等故事，无不向世人昭示了这样一个简单而深刻的真理，那就是讲诚信者才能成大事。

不诚实的人没有前途

诚实的人必须对自己守信，他的最后靠山就是真诚。

——爱默生

大学毕业前夕，陈强去人才市场找工作。一家服装公司的市场部要招一名市场调研员。基本要求是口才好、文笔好、能吃苦耐劳，还要有两年以上工作经验。陈强口才一向不错；文笔也没有问题，大学四年，他做了三年校报主编，文章发了100多篇；吃苦耐劳，这是农家孩子的本色。他就是缺少工作经验，但他很喜欢这个工作，不想就这么放弃了，于是就填好一张表格交了上去。

随后的笔试、面试他都顺利过关。最后一关是实践测试，公司发给经层层筛选而留下的20个人每人10份调查表，让他们用一个星期的时间去搞调查。在一周之内，谁完成的调查表又多又好，谁就会被录取。

但调查起来才发现，这实在不是一件容易的事。因为调查表的内容设计得非常详细，细到让人不耐烦的地步，一些数据还涉及几年前的销售情况。结果被调查的人一翻那份厚达七八页的调查表，就直皱眉头，大都以“实在太忙”予以婉拒。

陈强辛辛苦苦地跑了4天，也只做好了两份调查表。剩下几天，他跑得更加卖力了。有一家服装商厦，他连跑了3趟，留在那里的调查表还是空白的。那位经理深受感动，就好心对他说："我现在实在是没有时间。这样吧，我给你的调查表盖上章，数据你回去自己填，反正也没人知道，怎么样？"他一想，这倒是个好办法："大部分的单位，求人盖个章也不是很容易的。至于数据，照着那份填好的调查表，改动一下就是了。"但他又一想："不行！这样一来，调查表也就失去了任何参考价值。"考虑再三，他最终还是谢绝了那位经理的好意。

期限到了，陈清拿着3份调查表去交差，而其他人则拿了厚厚一叠调查表。看来，这份工作是没有希望了，想着自己前面的努力都将前功尽弃，陈强真有点儿后悔当初没听那位经理的话。

但是出人意料的是，三天后，那家公司打电话来通知陈强，他被正式录用了。

一位人事经理在办公室等待前来报到的陈强。他拍着陈强的肩膀说："所有人之中，只有你一个人没有工作经验，但我还是给了你一次机会。你们交回调查表后，公司马上就派人去核实……你们的工作会直接影响公司的营销策略，容不得半点儿虚假。"最后，他意味深长地对陈强说："你要记住，无论干什么，一个不诚实的人是永远没有前途的。"

【心灵悟语】

诚实是一种可贵的品质。一个人只有诚实可信，才能够建立起良好的信誉，才能获得别人的真诚对待。在人际交往中，人们都不愿意与不诚实的人打交道，因为这种人无法给人一种信任感和安全感。相反，你越是诚实可信，人们越会认为你值得交往和相处。诚实不需要华丽的辞藻来修饰，不需要甜言蜜语来遮掩，它是生命的原汁原味，它是天地之间的一种本真和自然。

战胜弱点小贴士：如何做一个言而有信的人

1. 说到做到

俗话说，一言既出，驷马难追。答应别人的事情，要尽自己最大的努力做到。重视自己做过的每一个承诺，即使是一件小事。如果在履行诺言的过程中，情况有变，以致无法兑现，要及时向对方说明情况并致歉意。

2. 不要轻易许诺

对于别人的请求，不要立刻就答应，要静下心来想想这件事情的难度，判断自己是否有这个能力和时间来解决它，考虑清楚之后再给别人回复。对于自己做不到的事情，要诚实地回答，礼貌地拒绝。

3. 要记住自己所说的话

有些人之所以失信于人，不是因为没有能力，而是经常忘记对别人所说的话或许下的承诺。而当别人再次问起这件事情办得怎样时，常常让自己处于难堪的境地。所以，我们一定要记住自己所说过的话和许下的承诺。

不要懒散放纵：唯有勤奋能成就事业

为什么要撤销捐助

懒惰，像生锈一样，比操劳更能消耗身体，经常用的钥匙总是亮闪闪的。

——富兰克林

有一位热心于慈善事业的企业家，总是尽自己的所能帮助那些生活在贫困线以下的人。有一次他听说某山区的一个村子很穷，穷得连最基本的温饱问题都解决不了。于是他便决定向那个穷山村捐一笔钱，用来帮助他们脱贫致富。

捐钱之前，企业家决定亲自到那个村子里看看。他去了一户农民家里，在那个黑洞洞的屋子里，他看到那家人正在吃饭。他们没有桌子，没有凳子，甚至连双筷子都没有。一家人就这样捧着饭碗蹲在地上，用手抓着吃。看到这一幕，企业家有了一种揪心的感觉，恨不得立刻就能改变整个村子的现状，他决定回去后要做的第一件事就是马上把钱拨过来。

可是当他走出那户村民家之后，突然改变了主意。回去之后，他撤销了捐助的决定，对此人们百思不得其解。

后来企业家道出了原委：原来就在他走出那户人家之时，突然注意到门前有一大片竹林。“守着竹林，他们连桌子凳子和一双筷子都懒得做，给他们钱又有什么用呢？”企业家非常痛心地说。

【心灵悟语】

庄子曰：“夫哀莫大于心死，而人死亦次之。”对于一个人来说，惰性是一事无成的重要原因。世上没有哪个人生下来就该贫穷潦倒。在机会均等的情况下，一个人能否有所作为，主要就看你能否克服自己的惰性。

其实，惰性的表现往往只不过是你自己的一个念头。只要你能够把这个念头打消了，那么懒惰也就会从你的身上逃走了。赶走了懒惰的你，就自然而然地会从自己动手改造自己开始，你的许多实践、你的许多行动，都会在你的勤劳中获得回报。

勤奋的人生

在天才和勤奋两者之间，我毫不迟疑地选择勤奋，她是几乎世界上一切成就的催产婆。

——爱因斯坦

希顿出生于金斯敦的一个穷苦人家。因为破产，受到打击的父亲疯了。希顿也由于父亲的不幸开始了不同寻常的生活。他几乎没有受什么学校教育，经常是有家难归、衣食无着，终日四处游荡。他染上了许多坏习惯，幸运的是他没有被这些恶习毁掉。为了讨一口饭吃，他不得不在他叔叔开的一家小饭馆里干活。他把酒装进瓶子里，把瓶塞好，然后把瓶子装到箱子里。这样的活儿他一连干了五年。由于他的身体日渐衰弱，人也变得有气无力，他叔父便把他赶出了店门，他又开始四处流浪。 在此后的七年，希顿饱尝了人世间的世态炎凉、人情冷暖，看惯了花开花落、盛衰轮回，也经历了难以言说的酸甜苦辣。

他曾在自传中说："我花了18便士租了一间又阴暗又潮湿的房子。在寒冷的冬天，我生不起火，只好孤身一人躲在被子里，除了偶尔听听窗外的凄风苦雨外，我只能在书本中寻寻觅觅。"后来他徒步来到了巴思，被雇为酿酒工。不久他又回到了英国首都伦敦，这时他已身无分文，连鞋子和衬衫都没有。还好，他有幸在一家叫伦敦餐馆的地方找到一份工作，他得从早上7点到晚上11点待在地窖里工作。为讨一口饭吃，他很庆幸自己找到这份"美差"，但长期禁闭在地窖里不见天日，加上繁重的工作，他的身体垮了下来，他只得丢下这个能让他勉强维持生活的饭碗。

不久他又从事代理人的工作，每周赚15先令的薪水。在此之前，他曾利用许多业余时间练字，他的书法很漂亮，这是他这一次能当代理人的资本。工作之余，他把闲暇时间都用来逛书店。他买不起书，只能一段一段地读、记。长年累月，他积累了深厚的文学知识。后来他换到了另外一个办公室，在这里，他每周可获20先令的“丰厚报酬”——这只是对他而言。他仍然埋头学习、研究。在28岁那年，他写了一本《熙泽奇遇》，得以发表。从那时起一直到死，在这漫漫55年中，希顿一直从事艰苦的文学创作。他发表的著作有87本之多，最重要的著作是《英格兰大教堂古迹》。该著作共计14卷，是一部光彩夺目的著作，也是约翰·希顿勤劳辛酸一生的纪念碑。在这块碑上写有两个字　　勤奋。

【心灵悟语】

勤奋是一个人走向成功的坚实的基础。“业精于勤，荒于嬉；行成于思，毁于随。”机会总是垂青于那些勤奋努力、早有准备的人。一个人要想在这个竞争激烈的时代脱颖而出，就必须付出比他人更多的汗水和努力，具有一颗积极进取、奋发向上的心，否则只能由平凡变为平庸，最后成为一个毫无价值和没有出路的人。

正所谓一分耕耘一分收获，勤奋是成就人生和事业的基础，它是所有成就伟大事业者的共同个性。世界上没有任何东西可以比得上或可以代替勤奋的意志，教育不能替代，多财的父母、多势的亲戚以及其他的一切，也都不能代替。唯有勤奋才能让人做出非凡的事业来，也唯有勤奋才能成就你的人生和事业。

勤奋铸造辉煌

勤劳一日，可得一夜安眠；勤劳一生，可得幸福长眠。

——达·芬奇

世界著名的洲际大饭店总裁罗伯·胡雅特小时候家里很穷，所以在14岁的时候就被母亲送到一家大饭店打工。因为年幼，胡雅特对工作没有任何概念，母亲无奈之下只好哄他说：“在那里你可以吃得好，住得好。”胡雅特就这样稀里糊涂地到饭店打工去了。

在大饭店当学徒并不是件简单、轻松的事，小胡雅特经常被师傅打骂。但在母亲的鼓励下，他坚持了下来。时光流转，一晃3年过去了，胡雅特的机会来了。胡雅特所在的可丽珑大饭店要派几名职员到英国实习，经过准备，他顺利地通过了考试。胡雅特的成功并不是出于偶然，而是出于勤奋和努力：在考试前，他下功夫学了3年的英语。他最初只是为了能更好地工作，并没有想到会有这样的结果。

一年后胡雅特返回法国，成功地由侍者升为领班。而这时，他已经从内心深处爱上了饭店的工作，由原来被动的工作态度转化成了自觉、积极的工作态度。

很快，第二个机会来了。德国广场大饭店想和可丽珑大饭店交换一名服务人员，进行互相培训。这其实是饭店之间常有的事，但胡雅特觉得这是充实自己最好的机会，于是他找到戴奎士经理，要求赴德国实习。

在德国广场大饭店，胡雅特从事的是一项自己最不熟悉的工作——招揽顾客。如果是在原来的饭店一定没有机会做这个，因为他是生手，老板不会让他冒这个险。但在广场大饭店，他实现了这个梦想，因为他是实习生，即使做得不够好，也没有人和他计较什么。当时正是20世纪30年代，世界经济疲软，商业萧条，饭店生意惨淡。胡雅特对此却没有在意，他兢兢业业地做自己的工作。他根据饭店里保存下来的旅客资料，设计不同的信函寄出，向旅客问好，并邀请他们来德国时到广场大饭店入住。很快，这样做的效果就显现出来了：客流量稳步上升，这使得广场大饭店度过了非常困难的时期。因为在德国的出色表现，胡雅特得到广场大饭店老板的极力推荐，再加上原来的老板赏识他，很快胡雅特就被提拔为业务部副经理。此时的胡雅特已经掌握了三国语言，游历了许多国家，遗憾的是他还没有去过他最向往的美国。

很快机会来了，之后胡雅特毛遂自荐申请去美国考察，而且提出自费前往。戴奎士为了奖励他多年来为饭店做的贡献，特准他以公假的形式去美国考察，很多费用准予报销。

带着戴奎士经理的推荐信，胡雅特来到了美国的华尔道夫大饭店。华尔道夫大饭店的总裁柏墨尔接待胡雅特后，没想到他竟然要求去餐饮部工作。更令人大惑不解的是，胡雅特要求擦地，这让餐饮部经理都愣住了。胡雅特开玩笑说：“擦地有什么不可以？是不是你们美国的地板和法国的有很大不同呢？”

过了几天，总裁柏墨尔到餐饮部视察，正好看到胡雅特在擦地，他大为惊奇：“你不是法国来的胡雅特吗？”

“是的。”

“你不是在可丽珑大饭店当副经理吗？怎么到我们这儿来擦地了呢？”

“我是想亲身感受一下美国的地板和法国的有什么不同。”

“你以前擦过地吗？”

“在英国、德国、法国都擦过，所以这次想体验在美国擦地。”

“有什么不同吗？”

“没有亲身体会，很难说清。”

这就是胡雅特的本色。从学习外语到招揽顾客再到擦地这种又脏又累的活儿，只要是旅馆业需要的知识和工作经历，他都勤奋地去“体验”，什么都要努力去搞懂。如此舍得下功夫的勤奋之人，又怎么会不成功呢？

【心灵悟语】

俗话说，一分耕耘一分收获。勤奋是成功与财富的先决条件，只要你付出了努力，总能体会到收获的甜蜜。

对青少年来说，勤奋是一种不能丢弃的美德和品质，无论是学习还是生活，都要牢记勤奋这一美德，勤奋地做人，勤奋地做事，勤奋地学习和积累——唯有勤奋者才能成就不平凡的事业。

战胜弱点小贴士：如何改正懒惰的坏习惯

1. 认识懒散的危害

自己要对懒散有一个正确的认识，比如，懈怠会导致生活或学业疲沓而乏味，直接影响学习或做事的进度，导致做不出什么成绩来。

2. 从小事做起

“勿以善小而不为”“一屋不扫何以扫天下”，如果别人有什么小事要求你去做时，一定要立刻去做，一分一秒都不要耽误。坚持下去，可以克服你的惰性。

3. 制订学习计划

各项任务都根据要求保质保量地完成，养成不完成就不睡觉的习惯，克服“明日复明日”的思想。

4. 寻找榜样

在身边找一个勤奋、果断的人作为自己的榜样，以此来激励自己。

5. 养成良好的习惯

要养成每天清早按时起床和外出锻炼的习惯，尽量多做力所能及的家务。

6.检查自己的行为

天天坚持检查自己的行为，如果当天没有懒惰现象发生，就对自己进行小小的奖励，只要坚持一至两个月就会见效，久而久之，就会养成良好的习惯。

不要逃避责任：让责任成为一种习惯

重新粉刷墙面

责任并不是你的负担，而是一种你应具有的信念，做一个有责任心的人吧。

——范华芳

罗伯特收到了著名的哈佛大学的录取通知书，但是因为家里穷，他交不起学费，面临辍学的危机。他决定趁假期去打工，像父亲一样做一名油漆工。

这天，罗伯特接到了为一大栋房子刷油漆的业务，尽管房子的主人迈克尔很挑剔，但给的报酬很高。在工作中，罗伯特自然是一丝不苟的，他认真和负责的态度让几次来查验的迈克尔感到满意。即将完工的日子到了，罗伯特为拆下来的一扇门板刷完最后一遍漆，刚刚把它支起来晾晒。做完这一切，罗伯特长出一口气，想出去歇息一下，不想却被脚下的砖头绊了个跟头。

这下坏了，罗伯特碰倒了支起来的门板，门板倒在刚粉刷好的雪白的墙壁上，墙上出现了一道清晰的痕迹，还带着红色的漆印。罗伯特立即用切刀把漆印切掉，又调了些涂料补上。可是做好这些后，他怎么看怎么觉得补上去的涂料色调和原来的不一样，那新的一块和周围的也显得不协调。怎么办？罗伯特决定把那面墙重新刷一遍。

大约用了半天时间，罗伯特把那面墙刷完了。可是，第二天，罗伯特又沮丧地发现新刷的那面墙又显得和房屋其他部分色调不一致，而且越看越明显。罗伯特叹了口气，决定再去买些材料，将所有的墙重刷一遍。尽管他知道这样做，他要花比原来多一倍的本钱，他赚不了多少钱了，可是，罗伯特还是决定要重新刷一遍。他心中想的是要对自己的工作负责。

他刚把所需的材料买回来，迈克尔就来验收了。罗伯特向他说了抱歉，并如实地将事情和自己内心的想法说了出来。迈克尔听后，不仅没有生气，反而对罗伯特竖起了大拇指。作为对罗伯特工作的负责态度的奖励，迈克尔愿意赞助他读完大学。最终，罗伯特接受了帮助。

后来，他不仅顺利读完大学，毕业后还娶了迈克尔的女儿为妻，进入了迈克尔的公司。十年后，他成了这家公司的董事长。一面墙改变了罗伯特的命运，更确切地说，是他对工作的负责态度改变了他的命运。

【心灵悟语】

责任心是成功者必须具备的一种素质。我们取得的成就与承担的责任是成正比的，责任心越强的人越能得到他人的尊重和支持。

责任是一种能力，又远胜于能力。未来的社会，并不缺乏能力出众的人，缺乏的却是那种既有能力又有责任感的人才。不管你此时此刻得到多少宠爱与关心，你终将独自步入社会、参与竞争，你会遭遇到远比学习生活要复杂得多的生存环境，随时都可能出现或面对你无法预料的难题与处境。你必须在日常生活中培养自己的责任感，切实对自己负起责任，才能应对各种可以预见或者不可预见的突发状况。记住，责任感是我们走向社会的关键品质，是我们在社会上立足的根本。

为自己的过失负责

要使一个人显示他的本质，叫他承担一种责任是最有效的办法。

——毛姆

一家外贸公司招聘职员，经过几番考试后，最后留下三个人。面试地点在总经理办公室。总经理并没有问他们关于业务方面的问题，只是带领他们参观他的办公室。最后，总经理指着一张茶几上的花盆对他们说，这是他最好的朋友送的，代表着他们的友谊。就在这时，秘书走进来告诉总经理，说外面有点儿事情请他去处理一下。总经理笑着对三个人说：“麻烦你们帮我把这张茶几挪到那边的角落去，我出去一下马上回来。”说完，就随着秘书走了出去。

既然总经理有吩咐，这当然是表现自己的一个机会。三个人便连忙行动起来，茶几很沉，须三个人合力才能搬得动。当三个人把茶几小心翼翼地抬到总经理指定的位置放下时，那个茶几不知怎么折断了一只脚，茶几一倾斜，上面放着的花盆便滑落了下来，在地上裂成了几块。三个人都惊呆了。就在他们目瞪口呆的时候，总经理回来了。看到发生的一切，总经理显得非常愤怒，对他们吼道：“你们知道你们干了什么事，这花盆你们赔得起吗？”

第一个应聘者似乎没有被总经理的强硬态度所压倒，说：“这不关我们的事，我们不是你们公司的员工，是你自己叫我们搬茶几的。”他用不屑一顾的眼神看着总经理。第二个应聘者讨好地说：“我看这事应该找那茶几的生产商去，生产出质量这么差的茶几，花盆坏了应该叫他赔！”

总经理把目光移到了第三个应聘者的身上。第三个应聘者对总经理说：“这的确是我们搬茶几时不小心弄坏的。如果我们移动茶几时小心一点儿，花盆应该是没事的。”还没等他把话说完，总经理的脸已由阴转晴，脸上露出一丝笑容，握住他的手说：“一个能为自己过失负责的人，肯定是一个值得信任的人。你一定能得到大家的尊敬，我们需要你这样的员工。”

【心灵悟语】

人无完人，我们总会做错事，但关键是敢于承担责任，为自己的错误行为负责。这是一个人独立的标志。因此从现在做起，从点滴小事做起，我们要逐步养成勇于承担责任的习惯和能力。只有承担起自己的责任，认真做好自己应该做的事，才能成为一个对自己行为负责的人。如果意识到自己的行为可能会对他人、对社会带来损害，就要努力控制自己，坚决不做；如果自己的错误行为已经给他人或社会造成了损失，就要敢于承担责任，并及时改正，不能推卸、逃避责任。

尽职尽责的回报

每一个人都应该有这样的信心：人所能负的责任，我必能负；人所不能负的责任，我亦能负。如此，你才能磨炼自己，求得更高的知识而进入更高的境界。

——林肯

在一个雪天的傍晚，中士杰克先生匆忙地走在回家的路上。路过公园时，他被一个人拦住了。“先生，打扰一下，请问您是一位军人吗？”这个人看起来很着急。“是的，我是，能为您做些什么吗？”杰克急忙回答道。“是这样的，我刚才经过公园门口时，看到一个孩子在哭，我问他为什么不回家，他说他是士兵，在站岗，没有接到命令他不能离开这里。谁知和他一起玩儿的那些孩子都不见了，估计回家了。”这个人说，“我劝这个孩子回家，可是他不走，他说站岗是他的责任，他必须接到命令才能离开。看来只能请您帮忙了。”

杰克心里一震，说：“好的，我马上就过去。”

杰克来到公园门口，看见一个小男孩在哭泣。杰克走了过去，敬了一个军礼，然后说：“下士先生，我是杰克中士，你站在这里干什么？”

“报告中士先生，我在站岗。”小男孩停止了哭泣，回答说。

“雪下得这么大，天又这么黑，公园门也要关了，你为什么不回家？”杰克问。

“报告中士先生，这是我的责任，我不能离开这里，因为我还没有接到命令。”小男孩回答。

“那好，我是中士，我命令你现在就回家。”

“是，中士先生。”小男孩高兴极了，还向杰克回敬了一个不太标准的军礼。

小男孩的举动深深地打动了杰克，这个孩子的倔强和坚持看起来似乎有些幼稚，但所体现的责任心却是很多成年人都无法具备的。

【心灵悟语】

人生的意义就在于承担一定的责任。清醒地意识到自己的责任，并勇敢地扛起它，无论对于自己还是对于社会都将是问心无愧的。科威特作家穆尼尔·纳素曾说过：“责任心就是关心别人，关心整个社会。有了责任心，生活就有了真正的含义和灵魂。这就是考验，是对文明的至诚。它表现在对群体、对个人的关怀。这就是爱，就是主动。”人可以不伟大，人也可以清贫，但我们不可以没有责任。任何时候，我们都不能放弃肩上的责任，扛着它，就是扛着自己生命的信念。所以，我们应该挺起胸膛，扛起一份责任。

战胜弱点小贴士：如何做一个有责任感的人

1. 对自己负责

勇于负责是衡量一个人的能力及成熟度的最佳方法之一。一个人只有对自己负责，才能对别人负责，一个对自己都不负责的人，将来肯定一事无成。任何人都应对自己的选择负责，对自己的所作所为负责。无论生活好坏，都是自己造成的，一个人只有对自己完全负责，才会拒绝找借口，拒绝推卸责任，才能勇敢地面对生活，积极进取。

2. 对学习负责

对于正处于求学阶段的青少年来说，最主要的任务是认真学习各科文化知识。上课专心听讲，独立完成作业，刻苦钻研，战胜困难，进步幅度大，学业成绩优秀，这就是对学习负责。

3. 对学校集体负责

学校是学习和生活的地方，营造一种文明和谐的校园环境，是每一个孩子应尽的责任。例如，伸手把哗哗流水的水龙头关上，白天随手关掉走廊亮着的电灯，主动修好损坏的公共设施等，这样不仅是对学校负责，更能凸显良好素质。形成这样的好习惯之后，将来走向社会，也能更好地被社会认同和尊重。

4. 对社会负责

社会学认为：人的本质在于人具有社会性，个人不能离群体而孤立存在。责任，小到对自己负责，对自己所做的每一件事负责；大到对国家社会负责，对人类生存环境负责。所以，我们要从小开始实践“社会责任”，树立坚定的社会责任感，自觉地担负起“扫一屋”的责任，进而达到“扫天下”的目的。

不要寻找借口：与其找借口推脱，不如找方法解决

找借口的代价

宿命论是那些缺乏意志力的弱者的借口。

——罗曼·罗兰

张然是某大学新闻专业的学生，毕业后被北京一家很知名的报社录用了。但是，他有一个很不好的毛病，就是做事情不认真，遇到任何困难总是找借口。办公室领导找他谈了好几次，张然却总是以这样或那样的借口来搪塞。

有一天，报社特别忙，突然有位热心读者打电话过来说在一个地方有特大新闻发生，请报社派记者前去采访。报社别的记者都出去了，只有张然在，没办法，办公室领导只有派他独自前往采访。没过多久，他就回来了，领导问他采访的情况怎么样，他却说：“路上太堵了，等我赶到时事情都快结束了，并且已经有别的新闻单位在采访了，我看也没什么重要新闻价值，所以就回来了。”

领导生气地说：“北京的交通就是这样，但是你不知道想别的办法吗？为什么别的记者能赶到呢？”

张然急得红着脸争辩道：“路上交通真的是很堵嘛，再说我对那里又不是特别熟悉，身上还背着这么多的采访器材……”

领导心里更有气了，于是说道：“既然这样，那你另谋高就好了。我不想看到员工不但不能完成任务，反过来还有满嘴的借口和理由。我们需要的是不管任务有多么艰巨，都能够想方设法完成并且能提供结果的人。”就这

样，张然失去了令许多人羡慕不已的好工作。

【心灵悟语】

找任何借口都是推卸责任，在责任和借口之间，选择责任还是选择借口，体现了一个人的做事态度。在生活中，有许多人习惯于寻找各种各样的借口，来为自己没有按时完成任务开脱。实际上，寻找借口是推卸责任的典型做法，就是将应该承担的责任转嫁给社会或他人。而一旦我们有了寻找借口的习惯，我们的责任心也将随着借口烟消云散。所以，如果你想成为一个有志气有出息的人，就不要为自己的失误或者失败找任何借口，只有这样要求自己，你才会更加奋发，为了弥补失误或者走向成功付出百分百的努力。

勇敢承认自己的错误

一个人在科学探索的道路上，走过弯路、犯过错误，并不是坏事，更不是什么耻辱，要在实践中勇于承认和改正错误。

——爱因斯坦

春秋战国时期，秦穆公是秦国的一代仁义之君。他曾经为了向东扩张势力，派三员大将带兵偷袭郑国。由于郑国离秦国较远，当时秦国的谋士蹇叔劝秦王说：“长途奔涉，士兵们肯定在未到郑国时就已疲惫不堪，况且浩浩荡荡的大军去偷袭，郑国又怎能没有准备呢？”

秦穆公不听蹇叔的意见，坚持进攻郑国。蹇叔于是号啕大哭，因为他已料到秦国必败，而他的儿子正是三员出征大将之中的一个。

果然，郑国大商人弦高在途中遇到秦军，当他得知秦军要攻打郑国时，一面找人迅速报信给郑国国君，一面犒劳秦军，并对他们说：“你们三路大军奔波这么远，浩浩荡荡，影响那么大，郑国早有准备了，你们恐怕不可能偷袭成功。”

秦军三员大将觉得弦高言之有理，以疲惫之师去攻打以逸待劳的郑国，肯定会损失惨重，于是开始撤退。但是在归途中，却遭到晋军的偷袭，结果秦军全军覆没，三员大将也被俘虏了。

当秦国三员大将历经千辛万苦，逃回到秦国时，秦穆公披着缟素(孝衣)，到郊外三十里迎接他们，哭着说：“委屈你们了，这一切都是我的过错啊！我不该不听蹇叔的话，而坚持让你们进攻。你们哪里有罪啊？”

秦穆公勇于承认自己的错误，正是一代仁君的风范。他这样做丝毫无损于他的威信，相反，却让他的将士们更加信服他，更加愿意为他效劳。

【心灵悟语】

勇于认错是一个人必须具备的品德和修养。有了错误，及时纠错，能够将错误所带来的损失降低到最低限度。反之，一味地掩饰，就会越抹越黑，越走越错，结果只能是失败。

古人云：“知错能改，善莫大焉。”没有人愿意犯错，在错误的面前，能真正认识错误并改正错误，对自己是一件好事。

不为失败找借口，只为成功找方法

成功与借口永远不会在一起：选择成功就要没有借口，选择借口就不会有成功。

——陈安之

20世纪70年代中期，日本的索尼彩电在本国内已成为红极一时的家电产品，但是在美国它却不被顾客所接受，销售量不尽如人意。为了改变这种局面，索尼派出了很多位负责人前往美国芝加哥指导工作，仍不见成效。被派出去的负责人一个个空手而回，并找出一大堆借口为自己的美国之行进行辩解。

最后，索尼公司指派了卯木肇担任索尼国外部部长。上任不久，他被派往芝加哥。当卯木肇风尘仆仆地来到芝加哥市时，发现索尼彩电竟然在寄卖商店里蒙尘，无人问津。

如何才能改变这种状况呢？卯木肇陷入了沉思。

一天，卯木肇驾车去郊外散心。在归来的路上，他注意到一个牧童正赶着一头大公牛进牛栏，而公牛的脖子上系着一个铃铛，在夕阳的余晖下叮当叮当地响着，后面的一群牛跟在这头公牛的屁股后面，温顺地鱼贯而行……此情此景令卯木肇茅塞顿开，他想到了“带头牛”，索尼要是能在芝加哥找到这样的“带头牛”商店来率先销售，岂不是很快就能打开局面？卯木肇为自己找到了打开美国市场的钥匙而兴奋不已。

卯木肇最先想到了芝加哥市最大的电器零售商马歇尔公司。为了尽快见到马歇尔公司的总经理，卯木肇第二天一早就去了，但他递进去的名片却被退了回来，原因是经理不在。第三天，他特意选了一个估计经理比较闲的时间去求见，得到的回答却是经理外出了。他第三次登门，经理终于被他的耐心所感动，接见了他，却拒绝卖索尼的产品。经理认为索尼的产品总是降价拍卖，形象太差。卯木肇非常恭敬地听取了经理的意见，并一再地表示要立即着手改变商品形象。

回去后，卯木肇立即从寄卖店取回货品，取消削价销售，在当地报纸上刊登广告，重塑索尼形象。

当卯木肇再一次扣响了马歇尔公司经理的门时，这次听到的是索尼的售后服务太差，无法销售。卯木肇立即成立索尼特约维修部，全面负责产品的售后服务项目工作，同时重新刊登广告，并附上特约维修部的电话在和地址，24小时为顾客服务。

屡次遭到拒绝，卯木肇还是痴心不改。他规定他的每个员工每天拨一次电话，向马歇尔公司询购索尼彩电。马歇尔公司被接二连三的求购电话搞得晕头转向，以致员工误将索尼彩电列入“接交货名单”。这令经理大为恼火，这一次他主动约见了卯木肇，一见面就骂卯木肇打乱了公司的正常秩序。卯木肇笑逐颜开，等经理发完了火之后，他才晓之以理、动之以情地对经理说：“我几次来见您，一方面是为本公司的利益，但同时也是为了贵公司的利益。在日本国内最畅销的索尼彩电，一定会成为马歇尔公司的摇钱树。”在卯木肇的努力下，经理终于同意试销两台，条件是如果一周之内卖不出去，立马搬走。

为了开个好头，卯木肇亲自挑选了两名得力干将，把百万美金订货的重任交给了他们，并要求他们破釜沉舟，如果一周之内这两台彩电卖不出去，就不要再返回公司了。

两人果然不负众望，当天下午4点钟，两人就传来了好消息，马歇尔公开发中心又追加了两台彩电。至此，索尼彩电终于挤进了芝加哥的“带头牛”商店，随后，进入家电的销售旺季，短短一个月内，竟卖出700多台，索尼和马歇尔从中获得了双赢。

有了马歇尔这只“带头牛”开路，芝加哥市的100多家商店都开始销售索尼彩电。不到3年，索尼彩电在芝加哥的市场占有率达到了30%。

【心灵悟语】

卯木肇的成功经历印证了这样一个事实：成功属于那些善于找方法的人，而不是善于找借口的人。与其费心思为自己的失败找各种借口，不如花时间为自己找一个解决问题的好方法。

任何问题都有解决的方法，方法总比问题多，关键是我们对待问题的态度。当遇到问题时，平庸者不是主动去找方法解决，而是找借口回避问题，而优秀者则是把问题当作机遇，积极地寻找解决问题的方法，将问题变为成功的机会。

战胜弱点小贴士：如何改正爱找借口的毛病

1. 明确“找借口”的危害和“没有任何借口”的价值

“找借口”是生活和学习中最大的恶习之一，是一个人逃避应尽责任的表现。而“没有任何借口”的人能将生活和学习状态调整到最好，挖掘出最大潜力，还能让自己得到最好的发展与回报。

2. 不给自己找借口

在日常生活和学习中，别让自己说任何类似借口的话。如果你说了，那么就该鄙视自己，提醒自己决不可再犯。

3. 保持积极的心态

人生中充满着变量，逆境往往会不请自来。在逆境找上门来时，要保持一种积极的心态，不应该屈服和顺从它，应该让自己变得更加坚强，要学会改变它——把它变成顺境。不找借口会让你的人生愈来愈好，找借口则容易让你越来越沮丧。

4. 方法总比问题多

活着就一定会遇到困难，不要把困难的事当作痛苦的事来处理，更不要选择逃避，想办法解决问题才是最重要的事。在你的心中，你必须相信，只要思想不滑坡，方法总比问题多！因为只有这样，你才能迎接新的挑战；你只有战胜一个个新的挑战，才能品味成功。把找借口的时间用来思考解决的方法，把犹豫不决的时间用来立即行动，成功离你还会远吗？

5. 从小事做起

坚持从生活小事做起，决不找借口。如自己规定每天锻炼30分钟以上，那么，无论刮风、下雨，无论多忙，都要坚持，再坚持！这不仅是为了锻炼身体，强健体格，更是为了磨炼人的意志。记住，决不找借口，立即行动。

不要不知感恩：做一个知恩感恩的人

感恩的回报

生活需要一颗感恩的心来创造，一颗感恩的心需要生活来滋养。

——王符

有一个名叫詹姆斯的穷苦学生，为了付学费，他挨家挨户地推销商品。中午的时候，他觉得肚子很饿，但身上却仅有一个铜板。于是，他便下定决心，到下一家时，向人家要一点儿吃的。然而当一位年轻貌美的女孩子打开门时，他却失去了勇气。他没敢要吃的，只要一杯水喝。女孩看出来他饥饿的样子，于是给他端出一大杯鲜奶来。詹姆斯把牛奶喝光后，说："应该付多少钱？"女孩说："不用付钱。母亲告诉我们，做善事不能要求回报。"于是他道谢后离开了。此时，詹姆斯不但觉得自己不再饥饿，而且自信心也增强了。

若干年后，那个年轻女孩病情危急，家人将她送进了医院。正当医生们对女孩的病情束手无策时，主治医师詹姆斯来到了病房，他一眼就认出了她。他立刻回到诊断室，并且下定决心要尽最大的努力来挽救她的性命。

经过一个多月的治疗后，女孩终于战胜了病魔。出院的账单送到了女孩的病房里，女孩不敢打开账单，因为她知道，她一辈子都可能还不清这笔医药费。最后她还是打开看了，医药费的确是一个天文数字。在账单边缘上却写着这样一句话："一杯鲜奶已足以付清全部的医药费！"签署人是詹姆斯医生。女孩流着泪水，她高兴地说："上帝啊！感谢您，感谢您的慈爱，借由众人的心和手，不断地在传播着。"

【心灵悟语】

感恩是一种处世哲学，是生活中的大智慧。学会感恩，是为了擦亮蒙尘的心灵；学会感恩，是为了将无以为报的付出铭记于心。

学会感恩，就会善待自己，更好地生活；学会了感恩，就会懂得宽容，不再抱怨，不再计较；学会感恩，我们便能以一种更积极的态度去回报我们身边的人；学会感恩，我们会抱着一颗感恩之心，去帮助那些需要帮助的人；学会感恩，我们会摒弃那些阴暗自私的欲望，使心灵变得澄清明净……

两个孩子的不同命运

感谢命运，感谢人民，感谢思想，感谢一切我要感谢的人。

——鲁迅

在中国北方，有一位名叫尹礼远的孩子。他家境贫寒，父亲左手残疾，母亲痴呆。因为从小就知道父母的艰辛与不易，小小年纪的尹礼远显得比他的同龄人更加成熟与懂事，他除了勤奋刻苦地学习，以此来报答亲人对他的期望之外，还想方设法减轻家里的负担。

为了节省作业本，他写了擦，擦了写，一个本子至少要写三遍；为了节省鞋子，暮春时他就光脚，一直到立秋才穿鞋。若是遇到下雨、下雪天，即便是冬天，他也要脱下鞋走路。假期他还去工地打零工赚学费。

尹礼远的故事感动了千千万万的中国人，人们除了心疼这个懂事的孩子之外，对他更多的是敬佩与疼爱。大家为他捐款、捐物，更有人资助他完成小学到高中的学业。而尹礼远也不负众望，他说除了更加认真地读书以外，他还要做更多的事情回报关爱他的社会。

与尹礼远不同的是另一个男孩的命运。

这个男孩有着与尹礼远相似的悲惨故事，他的父母几年前双双因病去世了，他和行动不便的爷爷住一起，生活十分困难。因为学习成绩很好，社会上有个好心人主动和学校联系，要求资助他。

节假日，这位好心人把他接到家里去玩，结果这个孩子的表现令人反感：他随意翻好心人家里的东西，对人没有礼貌，在他们家也不知道做任何事，连吃饭都要等着别人端碗；当他们给他买衣服，给他钱的时候，他根本没有一丁点儿感激的意思，甚至一句感谢的话都没有。好心人以为一个苦孩子一定是非常懂事的，可是孩子的表现使得全家大失所望。

结果，暑假之后，这位好心人停止了对这个男孩的资助。他说："这个孩子连一点儿感恩之心都没有，反而觉得别人给他帮助是理所当然的，这样的想法会让他失去自立精神，会害了他。”

【心灵悟语】

感恩是一种对恩惠心存感激的表示，是每一位不忘他人恩情的人萦绕心间的情感。在生活中，如果我们每个人都不忘感恩，人与人之间的关系会变得更加和谐。我们自身也会因为这种感恩心理的存在变得更加愉快和健康。感恩一切，内心才会时刻充满温暖；活在感恩中，人才会幸福快乐。

为母亲洗脚

还有什么比父母心中蕴藏着的情感更为神圣的呢？父母的心，是最仁慈的法官，是最贴心的朋友，是爱的太阳，它的光焰照耀、温暖着凝聚在我们心灵深处的意向！

——马克思

一个日本一流学府毕业的大学生，去参加一家大公司新职员的招募考试。

经历了几个回合的激烈竞争之后，他终于到了最后一关——接受社长的亲自面试。

他忐忑不安地走进社长办公室，在社长面前的椅子上坐下。

社长看过他的履历后，凝视他的脸，出乎他意料地问道：“你替父母洗过澡、擦过身吗？”

“从来没有过。”青年很老实地回答。

“那么，你替父母捶过背吗？”

他想了想后说：“有过，那是在我读小学的时候，那次母亲还给了我十元钱。”

在诸如此类的交谈中，社长似乎已能看出年轻人未来发展的可能性并不大，只是安慰他别灰心，会有希望的。

面谈结束前，社长突然对他说：“明天这个时候，请你再来一次。不过，有一个条件，刚才你说从来没有替父母擦过身，明天来这里之前，希望你能为父母做一次，做得到吗？”

他一口答应了。

这个年轻人在出生不久之后，父亲便过世了，全靠母亲一个人含辛茹苦地把他抚育成人。

年轻人以极其优异的成绩考上东京的一流学府，他的母亲就靠着帮佣挣钱，提供他在大学的学费和开销。

那天，他回到家，母亲去帮佣还没回到家。

“等母亲回来，要怎么替她洗呢？”他暗自忖度着，“母亲出门在外，脚一定很脏吧？待会儿她回来，便为她洗脚吧！”

母亲回来后，见儿子预备好水盆，要为她洗脚，觉得很奇怪，便说：“脚我还洗得动，我自己来吧！”

年轻人便将自己为何想为母亲洗脚的原委说一遍，母亲便依着儿子，坐在已准备好的椅子上，把脚放进儿子端来的水盆儿里。

当他握着母亲的脚时，才猛然发现，母亲的那双脚在岁月的侵蚀下，是那样地粗糙。

他情不自禁地搂着母亲的脚，潸然泪下，感受到母亲为了他辛劳一生的不易。

第二天，他如约到那家公司，很伤感地对社长说：“我能不能被录取，对我来说已经微不足道。现在我才明白，母亲为了我受了很大的苦，是您使我明白了在学校里没有学到的道理，谢谢社长。如果不是您，我恐怕不会碰到母亲的脚。我只有母亲一个亲人，我要好好照顾她，再也不能让她受苦了。”

社长点了点头，说：“你明天到公司来上班吧！”

【心灵悟语】

父母在我们的人生中扮演了非常重要的角色，因为他们不仅仅给予我们生命，还让我们在温暖中成长！在我们成长的同时，父母也在老去，因此，在我们享受了那么多父母给予的爱以后，我们也需要以一颗感恩的心去回报父母，哪怕只是做一件微不足道的事！

战胜弱点小贴士：如何成为一个知恩感恩的人

1. 养成感恩的习惯

每天清晨醒来时，我们要默默地感激已有的生活和所爱的人，当然还包括其他让我们有感激之情的人和事情。

2. 感恩父母

父母赐予我们生命，无私地养育我们，尽孝道是我们不可推辞的责任。不要将父母对我们的关爱视为理所当然。父母要的不是我们能够给他们什么，而是我们的一片孝心。学习之余，跟父母聊聊天，向父母说一句感谢的话，上楼时帮家长拿包或其他东西；长辈生病在家，跑前跑后端茶倒水、嘘寒问暖；当父母忙碌疲惫的时候为他们准备洗脚水。自然地、主动地去做，虽然事情不大，但父母能从你的言行中得到极大的满足。

3. 关爱他人

学会关爱身边的人，存好心，做好人，及时给他人送去温暖。多做善事、好事，尽自己最大的力量报效国家、社会和人民。

4. 感谢他人的帮助

生活中，我们每个人或多或少都会遇到让自己心烦意乱以及无助的事情。当我们孤单时、失望时、犯错时，总有人帮助我们，鼓励我们，同时也是我们倾诉的对象，所以我们要尽自己最大的努力回报他们。

不要半途而废：谁笑到最后，谁笑得最好

拳王争霸赛

成大事不在于力量的大小，而在于能坚持多久。

——约翰逊

20世纪70年代是世界重量级拳击史上英雄辈出的年代。4年来未登上拳台的拳王阿里此时体重已超过正常体重20多磅（1磅约为0.45千克），速度和耐力也已大不如前，医生给他的运动生涯判了“死刑”。然而，阿里坚信“精神才是拳击手比赛的支柱”，他凭着顽强的毅力重返拳台。

1975年9月30日，33岁的阿里与另一拳坛猛将弗雷泽进行了第三次较量（前两次一胜一负）。在进行到第14回合时，阿里已精疲力竭，濒临崩溃，这个时候一片羽毛落在他身上也能让他轰然倒地，他几乎再无丝毫力气迎战第15回合了。然而他拼着性命坚持着，不肯放弃。他心里清楚，对方和自己一样。比赛到了这个地步，与其说在比气力，不如说在比毅力，就看谁能比对方多坚持一会儿了。他知道此时如果在精神上压倒对方，就有胜出的可能。于是他竭力保持着坚毅的表情和誓不低头的气势，双目如电，令弗雷泽不寒而栗，以为阿里仍保存着体力。这时，阿里的教练邓迪敏锐地发现弗雷泽已有放弃的意思，他将此信息传达给阿里，并鼓励阿里再坚持一下。阿里精神一振，更加顽强地坚持着。果然，弗雷泽表示“俯首称臣”，甘拜下风。裁判当即高举起阿里的臂膀，宣布阿里获胜。这时，保住了拳王称号的阿里还未走到台中央便眼前漆黑，双腿无力地跪在了地上。弗雷泽见此情景，如遭雷击，他追悔莫及，并为此抱憾终生。

在最艰难也是最关键的时刻，阿里坚持到胜利的钟声敲响的那一刻，成就了他辉煌人生中的又一个传奇。

【心灵悟语】

古人云："行百里者半九十。"最后的那段路，往往是一道最难跨越的门槛。其实每一个人的一生中，无论工作或生活，都会或多或少地出现这样或那样的极限环境，或者说极限困境。有的时候就需要那么一点点毅力、一点点努力和坚持，成功就能触手可及，而不是充满遗憾地擦肩而过。

成功的秘诀不在于一蹴而就，而在于你是否能够持之以恒。任何伟大的事业，成于坚持不懈，毁于半途而废。世上的事，只要不断努力去做，就能战胜一切。哪怕事情再苦、再难，只要我们不放弃，只要我们再坚持一下，我们就有希望，就有成功的可能。

不甘心失败

生活的道路一旦选定，就要勇敢地走到底，决不回头。

——左拉

希拉斯·菲尔德先生退休的时候已经积攒了一大笔钱，然而他突发奇想，想在大西洋的海底铺设一条连接欧洲和美国的电缆。随后，他就开始全身心地推动这项事业。前期基础性的工作包括建造一条大约一千英里长、从纽约到纽芬兰圣约翰的电报线路。纽芬兰四百英里长的电报线路要从人迹罕至的森林中穿过，所以，要完成这项工作不仅包括建一条电报线路，还包括建同样长的一条公路。此外，还包括穿越布雷顿角全岛共四百四十英里长的线路，再加上铺设跨越圣劳伦斯海峡的电缆，整个工程十分浩大。

菲尔德使尽浑身解数，总算从英国政府那里得到了资助。然而，他的方案在议会上遭到了强烈的反对，在上院仅以一票的优势获得多数通过。随后，菲尔德的铺设工作就开始了。电缆一头搁在停泊于塞巴斯托波尔港的英国旗舰“阿伽门农”号上，另一头放在美国海军新造的豪华护卫舰“尼亚加拉”号上。不过，就在电缆铺设到五英里的时候，它突然被卷到机器里面，被弄断了。

菲尔德不甘心，又进行了第二次试验。在这次试验中，铺到两百英里长的时候，电流突然中断了，船上的人们在甲板上焦急地踱来踱去。就在菲尔德先生即将命令割断电缆、放弃这次试验时，电流突然又神奇地出现了，一如它神奇地消失一样。夜间，船以每小时四英里的速度缓缓航行，电缆的铺设也以每小时四英里的速度进行。这时，轮船突然发生了一次严重倾斜，制动器紧急制动，不巧又割断了电缆。

菲尔德并不是一个容易放弃的人。他又订购了七百英里的电缆，而且还聘请了一位专家设计一台更好的机器，以完成这么长的铺设任务。后来，英美两国的科学家联手把机器赶制出来。最终，两艘军舰在大西洋上会合了，电缆也接上了；随后，两艘船继续航行，一艘驶向爱尔兰，另一艘驶向纽芬兰，两船分开不到三英里，电缆又断开了；再次接上后，两船继续航行，到了相隔八英里的时候，电流又没有了。电缆第三次接上后，铺了两百英里，在距离“阿伽门农”号二十英尺处又断开了，两艘船最后不得不返回爱尔兰海岸。

参与此事的很多人都泄了气，公众舆论也对此流露出怀疑的态度，投资者也对这一项目失去了信心，不愿再投资。这时候，如果不是菲尔德先生，如果不是他百折不挠的精神，不是他天才的说服力，这一项目很可能就此放弃了。菲尔德继续为此日夜操劳，甚至到了废寝忘食的地步，他绝不甘心失败。

于是，第三次尝试又开始了，这次总算一切顺利，全部电缆铺设完毕，而且没有中断，几条消息也通过　　漫长的海底电缆发送了出去。似乎就要大功告成了，突然电流又中断了。

这时候，除了菲尔德和他的一两个朋友外，几乎所有人都感到绝望。但菲尔德仍然坚持不懈地努力，他最终又找到了投资人，开始了新的尝试。

他们买来了质量更好的电缆，这次执行铺设任务的是“大东方”号，它缓缓驶向大洋，一路把电缆铺设下去。一切都很顺利，但最后在铺设横跨纽芬兰六百英里电缆线路时，电缆突然又折断了，掉入了海底。他们打捞了几次，都没有成功。于是，这项工作就耽搁下来，而且一搁就是一年。

所有这一切困难都没有吓倒菲尔德。他又组建了一个新的公司，继续从事这项工作，而且制造出了一种性能远优于普通电缆的新型电缆。1866年7月13日，新的试验又开始了，并顺利接通，发出了第一份横跨大西洋的电报！电报内容是：“7月27日。我们晚上九点到达目的地，一切顺利。感谢上帝！电缆都铺好了，运行完全正常。希拉斯·菲尔德。”不久以后，原先那条落入海底的电缆被打捞上来了，重新接上，一直连到纽芬兰。现在，这两条电缆线路仍然在使用。

【心灵悟语】

不管做什么事，只要放弃了，就没有成功的机会；不放弃，就会一直拥有成功的希望。如果你有99%想要成功的欲望，却有1%想要放弃的念头，只能与成功擦肩而过。

做什么事都会有挫折与困难，不幸的是世界上有太多的人，一遇到挫折与困难就会放弃努力。有人努力一次就放弃，有人努力两次后放弃，也有人坚持了几次后放弃，不管几次，放弃的结果是一样的——失败。失败几次不要紧，只要不放弃，就只有一种结果——成功。时间总是耐心等待那些坚持成功的人，我们一定要明白，只有坚持不懈才能取得成功。

最难忘的一次面试

要从容地着手去做一件事，一旦开始，就要坚持到底。

——比阿斯

张华是一名大学毕业生。对于他来说，一生中最难忘的应该是他的第一次面试，也是他印象最深的一次面试。

那天，张华拿着个人简历去一家IT（信息技术）公司面试。他兴冲冲地提前10分钟到达了公司所在大厦的一楼大厅里。当时，张华很自信，因为他专业成绩好，年年都拿奖学金。那家IT公司在这座大厦的12楼。这座大厦管理很严，两位精神抖擞的保安分站在门口两旁，他们之间的条形桌上有一块醒目的标牌："来客请登记。"

张华整理了一下衣服，然后上前询问："先生，请问1201房间怎么走？"保安问："你预约了吗？""是的，我已经约好时间来面试。"张华回答说。"好，请你稍等，我打个电话，核实一下。"说着，保安抓起电话，过了一会说："对不起，1201房间没人。""不可能吧，"张华忙解释，"今天是他们面试的日子，您瞧，我这儿有面试通知。"那位保安又拔了几次："对不起，先生，1201还是没人。我们不能让您上去，这是规定。"

时间一秒一秒地过去。张华心里虽然着急，也只有耐心地等待，同时祈祷该死的电话能够接通。已经超过约定时间10分钟了，保安又一次彬彬有礼地告诉他电话没通。

张华当时压根儿也没想到第一次面试就吃了这样的"闭门羹"。面试通知明确规定："迟到10分钟，取消面试资格。"他犹豫了半天，只得自认倒霉回到了学校。

晚上，张华收到了一封电子邮件："先生，您好！也许您还不知道，今天下午我们就在大厅里对您进行了面试，很遗憾您没通过。您应当注意到那位保安先生根本就没有拨号。大厅里还有别的公用电话，您完全可以自己询问一下。我们虽然规定迟到10分钟取消面试资格，但您为什么立即放弃不再努力一下呢？祝您下次成功！"

【心灵悟语】

当你因为一次的失败而伤心，甚至打算放弃时，你是不是想过再试一次？要知道，我们成长的过程中总是会遇到这样那样的失败。失败了不要气馁，只要有“再试一次”的勇气和信心，你就能获得成功。

其实，成功往往就在你想放弃的那一刻出现。如果你停止努力，就永远不可能享受到成功的果实，只能在成功的面前徒留遗憾。做事只要持之以恒，不轻言放弃，就会有意想不到的收获！

战胜弱点小贴士：如何改正半途而废的坏习惯

1. 制订计划

首先针对自己所做的事（比如跑步、写日记）做一个切实可行的计划，然后就按部就班地去执行。

2. 执行计划

我们做了决定和计划，就必须严格执行。如果我们把决定当儿戏，那么就是甘心让不良的习惯毁掉自己的一生，让自己天天生活在痛苦之中。

3. 奖赏或惩罚自己

当我们持之以恒完成了任务，那么我们就用愉悦、快乐的事物来奖赏和强化自己；当我们不能持之以恒，那么就用让自己痛苦、难受的事来惩罚自己。这样人性的趋乐避苦特性就会让我们进一步来强化和养成做事持之以恒的习惯。

4. 将计划告之他人

将你的计划告诉你的亲人或朋友，这样你就会为了不在别人面前失去自己的信誉，而坚持把这个计划坚持下去。这种做法一旦坚持一段时间，就会养成习惯。当然，你也可以让他们一起来培养习惯。

第三章　战胜情绪弱点，别让不良情绪毁了你

不要冲动易怒：我们无法控制别人，只能控制自己的情绪

成吉思汗的自责

一把火的愤怒，最先烧焦的是自己，缩回伸出去的手掌吧！

——萧白

成吉思汗是非常了不起的人物，曾经建立了横跨欧亚大陆的帝国。他能够有这样大的成就，与他善于控制愤怒有关；而他之所以善于控制愤怒，则与他的一段传奇经历有关。

有一次，成吉思汗带着一大队人出去打猎。他们一大早便出发了，可是到了中午仍没有收获，只好意兴阑珊地返回帐篷。成吉思汗心有不甘，便又带着皮袋、弓箭以及心爱的猎鹰，独自一个人走回山上。

烈日当空，他沿着羊肠小径向山上走去，一直走了好长时间，口渴的感觉越来越厉害，却找不到任何水源。

良久，他来到了一个山谷，见有水从上面一滴一滴地流下来。成吉思汗非常高兴，就从皮袋里取出一只金属杯子，耐着性子用杯子去接一滴一滴流下来的水。

当水接到七八分满时，他高兴地把杯子拿到嘴边，想把水喝下去，这时一股疾风突然把杯子从他手里掀了下来。

将到口边的水被弄洒了，成吉思汗不禁又急又怒。他抬头看见自己心爱

的鹰在头顶上盘旋，才知道是它捣的鬼。尽管他非常生气，却又无可奈何，只好拿起杯子重新接水喝。

当水再次接到七八分满时，又有一股旋风把水杯弄翻了。

原来又是他的猎鹰干的好事！成吉思汗愤怒到极点，顿生报复之心：“好！你这只老鹰既然不知好歹，专给我找麻烦，那我就好好整治一下你这个家伙！”

于是，成吉思汗一声不响地拾起水杯，再从头等着一滴滴的水。当水又接到七八分满时，他悄悄取出尖刀，拿在手中，然后把杯子慢慢地移近嘴边，猎鹰再次向他飞来，成吉思汗迅速拔出尖刀，把猎鹰杀死了。

不过，由于他的注意力过分集中在杀死猎鹰上面，却疏忽了手中的杯子，结果杯子掉进了山谷里。于是，成吉思汗无法再接水喝了，不过他马上想道：既然有水从山上滴下来，那么上面也许就有蓄水的地方，而且很可能是湖泊或山泉。于是他忍住口渴的煎熬，拼尽气力向上爬。几经辛苦后，他终于攀上了山顶，发现那里果然有一个蓄水的池塘。

成吉思汗兴奋极了，立即弯下身子想要喝个饱。忽然，他看见池边有一条毒蛇的尸体，这时才恍然大悟：“原来猎鹰救了我一命，正因它刚才屡屡打翻我的杯子，才使我没有喝下被蛇毒污染的水。”

成吉思汗明白自己做错了，他带着自责的心情，忍着口渴返回了帐篷。他对自己说；“从今以后，我绝不在生气的时候做决定！”这个决心，使成吉思汗避免了很多错事，给他的雄图霸业带来了莫大的帮助。

【心灵悟语】

人的感情是很复杂的，而且不容易控制。很多时候，人们常常由于冲动做出一些不理智的事情，结果后悔莫及。根据心理学家的测算，人们在气愤时做出的行为，有85%以上是错误的选择，而在正确的15%中，还有10%是因为运气好。所以，在愤怒的时候，我们尤其要注意控制自己，别让自己在情绪失控的时候做蠢事。

在生活中，每个人可能都因生气而做出过错误的决定。如果你不曾被错误的决定所伤害，那要感到庆幸，但幸运不一定永远垂青于你。所以要想把握自己的一生，使之不偏离轨道，就请时时刻刻记住这句话——在生气的时候，不要做任何决定！

拿破仑·希尔的教训

在人含怒时千万要注意两点：第一不可恶语伤人，第二不可因怒而轻泄隐秘。

——培根

在拿破仑·希尔事业生涯的初期，他就曾受到愤怒情绪的困扰。有一次，拿破仑·希尔和办公室大楼的管理员发生了一场误会。这场误会导致了他们两人之间相互憎恨，甚至演变成了激烈的敌对状态。这位管理人员为了显示他对拿破仑·希尔一个人在办公室工作的不满，就把大楼的电灯全部关掉。这种情形已连续发生了几次，一天，拿破仑·希尔在办公室准备一篇将在第二天晚上发表的演讲稿，当他刚刚在书桌前坐好时，电灯熄灭了。

拿破仑·希尔立刻跳起来，奔向大楼地下室，找到了那位管理员并破口大骂。直到他再也找不出更多的骂人的词句了，只好放慢了速度。这时候，管理员直起身体，转过头来，脸上露出开朗的微笑，并以柔和的声调说道："你今天早上有点儿激动，不是吗？"管理员的话似一把锐利的剑，一下子刺进拿破仑·希尔的身体。拿破仑·希尔的良心受到了谴责。等他控制了愤怒的情绪后，他平静下来。他知道，他不仅被打败了，而且更糟糕的是他是主动的，又是错误的一方，这一切只会更增加他的羞辱。于是，拿破仑·希尔充满歉意地说："对不起！我为我的行为道歉——如果你愿意接受的话。"管理员脸上露出微笑，他说："凭着上帝的爱心，你用不着向我道歉。除了这四堵墙壁以及你和我之外，并没有人听见你刚才说的话。我不会把它传出去的。我也知道你也不会说出去的。因此我们不如就把此事忘了吧？"

拿破仑·希尔向他走过去，抓住他的手，使劲握了握。拿破仑不仅是用手和他握手，更是用心和他握手。在走回办公室的途中，拿破仑·希尔感到心情十分愉快，因为他终于鼓起勇气，化解了自己做错的事。

之后，拿破仑·希尔下定决心，以后绝不再失控。因为当一个人不能控制自己的情绪时，另一个人——不管是一名目不识丁的管理员还是有教养的绅士——都能轻易地将自己打败。

【心灵悟语】

学会控制自己的情绪，对于每个人而言都是相当重要的，它是我们成功的前提，更是我们身心健康的保证。做自己情绪的主人，不仅让你重新获得主导权，而且会使你发现，掌控自己的情绪以后，所有的难题都能够轻松驾驭了！

在生活中，每当你发脾气或处在愤怒的情绪中时，你应该分析所有使你愤怒的原因，然后避免使自己暴露于那些痛苦之下，采取一些积极有效的措施来控制自己的情绪。

承受极限训练

君子忍人之所不能忍，容人之所不能容，处人之所不能处。

——马南邨

有一位年轻人毕业后被分配到一个海上油田钻井队工作。在海上工作的第一天，领班要求他在规定的时间内登上几十米高的钻井架，把一个包装好的漂亮盒子拿给在井架顶层的主管。年轻人抱着盒子，快步登上狭窄的、通往井架顶层的舷梯。当他气喘吁吁、满头大汗地登上顶层，把盒子交给主管时，主管只在盒子上面签下自己的名字，又让他送回去。于是，他又快步走下舷梯，把盒子交给领班，而领班也是同样在盒子上面签下自己的名字，让他再次送给主管。

年轻人看了看领班，犹豫了片刻，又转身登上舷梯。当他第二次登上井架的顶层时，已经浑身是汗，两条腿抖得厉害。主管和上次一样，只是在盒子上签下名字，又让他把盒子送下去。年轻人擦了擦脸上的汗水，转身走下舷梯，把盒子送下来，可是，领班还是在签完字以后让他再送上去。

年轻人终于感到愤怒了。他尽力忍着不发作，擦了擦满脸的汗水，抬头看着那已经爬上爬下了数次的舷梯，抱起盒子，步履艰难地往上爬。当他上到顶层时，浑身上下都被汗水浸透了，汗水顺着脸颊往下淌。他第三次把盒子递给主管，主管看着他慢条斯理地说："把盒子打开。"

年轻人撕开盒子外面的包装纸，打开盒子——里面是两个玻璃罐：一罐是咖啡，另一罐是咖啡伴侣。年轻人终于无法克制心头的怒火，把愤怒的目光射向主管。主管又对他说："把咖啡冲上。"此时，年轻人再也忍不住了，"啪"的一声把盒子扔在地上，说："我不干了。"说完，他看看扔倒在地上的盒子，感到心里痛快了许多，刚才的愤怒都发泄了出来。

这时，主管站起身来，直视着他说："你可以走了。不过，看在你上来三次的分上我可以告诉你，刚才让你做的这些叫作'承受极限训练'。因为我们在海上作业，随时会遇到危险，这就要求队员们有极强的承受力，承受各种危险的考验，只有这样才能成功地完成海上作业任务。很可惜，前面三次你都通过了，只差这最后的一点点，你没有喝到你冲的甜咖啡。现在，你可以走了。"

【心灵悟语】

忍字头上一把刀，能忍人所不能忍，才能成人所不能成。忍是人生的大智慧。忍能保身，忍能成事，忍是大智大勇，忍是成大事的前提。懂得忍耐有利于成就事业，意气用事只会错失良机。面对别人的侮辱和伤害，我们没必要急急忙忙以一种对抗的方式来证明自己并非软弱可欺，因为路遥知马力，日久见人心。有效地忍耐，会使我们获得更多的收益。

人的一生当中会遇到很多问题，如果你能忍第一个问题，你便学会了控制你的情绪和心志，以后碰到大的问题，自然也能忍，也自然能忍到最好的时机再把问题解决，这样才能成就大的事业。

战胜弱点小贴士：如何控制冲动易怒的情绪

1. 控制自己意识

当愤怒情绪即将爆发时，我们要用意识控制自己，提醒自己应当保持理性，还可进行自我暗示："别发火，发火会伤身体。"有涵养的人一般能做到自我控制。因为人的意识能够调节情绪的发生与强度，修养高的人往往比修养低的人能够更有效地调节情绪。领导者要努力以意识来控制情绪的变化，可以用"我应""我能"和要想办的事情联系在一起，来调控自己的情绪。

2. 凡事要想长远，顾及后果

时刻以大局为重，以友谊为重，把个人的利益和荣辱放在次要地位，这种品质往往能帮助人成就一番事业。

3. 加强自我修养，通达事理

成熟的人能够通过自己的努力来调节自己的情绪。思想修养愈好，自觉调节情绪的能力就愈强，遇事就可以站在更高的角度来处理。遇到不愉快的事，自觉地把注意力转到别的事情上。

4. 保持良好的心境，排除不良情绪

应防止因身体不适或疾病而影响心情，做到乐观、开朗、豁达。当心情好的时候，即使别人把自己一件心爱的东西弄丢，也不会发怒；心情不好时，别人友好地问个路，也会不耐烦。

5. 适当发泄情绪

人在精神压抑的时候，如果不寻找机会发泄情绪，会导致身心受到损害。在愤怒的时候，适当的宣泄是必要的，例如：在盛怒时，不妨赶快跑到其他地方，或找些体力活儿来干，或者干脆跑一圈儿，这样就能把因盛怒激发出来的能量释放出来。

6. 请可信赖的人帮助你

让他们每当看见你动怒的时候，及时提醒你。你接到信号之后，可以想想自己究竟在干什么，然后努力平息愤怒。

不要压力过大：不做压力的奴隶，做压力的主人

学会给自己减轻压力

正确认识压力，学会与压力共处。学会应对压力，首先要认识到适度的压力是生命所必需的。人在一生中，是无法摆脱压力的。人们无法控制压力的大小和去留，但可以控制对压力的反应程度。

——佚名

在加拿大的魁北克有一个南北走向的山谷。1983年的冬天，有对夫妇来到这个山谷的时候，下起了大雪。当他们支起帐篷，望着漫天飞舞的大雪时突然发现，由于特殊的风向，东坡的雪总比西坡的雪来得大，来得密，不一会儿，雪松上就落满了厚厚一层雪。不过，雪积到一定程度，雪松那富有生气的枝丫就会向下弯曲，直到雪从枝头滑落。这样反复地积，反复地落，雪松完好无损。可其他的树，如那些柘树，因没有这个本领，树枝都被压断了。西坡由于雪小，总有些树挺了过来，所以西坡除了雪松，还有柘树、女贞等。帐篷中的妻子发现了这一景观，对丈夫说："东坡肯定也长过杂树，只是不会弯曲才被大雪摧毁了。"丈夫点头称是，并兴奋地说："我们揭开了一个谜——对于外界的压力要尽可能地去承受，在承受不了的时候，要像雪松一样，学会弯曲，学会给自己减轻压力。"

【心灵悟语】

生活中，压力对于任何人来说都是存在的，我们必须认真对待心理压力问题，并及时地、适当地通过情绪调节来缓解心理压力，为它找个出口，它就不会给精神带来太重太大的伤害。

生活中压力无处不在，压力本身就是生活的一部分。压力并不是一种情绪，而是人对发生在他周围或在他身上的事物的一种反应。著名催眠治疗师布赖恩·罗特说：“只有死人，才没有压力。”既然无法逃避压力，就要学会与压力相处，学会调整心理平衡。

压力可以变成动力

他们不是因为我们的要求而感到压力，而是自己给自己施加压力。

——宫崎骏

有一天，一位农夫的一头驴子不小心掉进一口枯井里。农夫绞尽脑汁想救出驴子，但几个小时过去了，驴子还在井里痛苦地哀号着。

最后，这位农夫决定放弃，他想这头驴子年纪大了，不值得大费周章去救，不过无论如何，这口井还是得填起来。于是农夫便请来左邻右舍帮忙一起将井中的驴子埋了，以免除它的痛苦。农夫的邻居们人手一把铲子，开始将泥土铲进枯井中。

当这头驴子了解到自己的处境时，刚开始哭得很凄惨。但出人意料的是，一会儿之后，这头驴子就安静下来。农夫好奇地探头往井底一看，出现在眼前的景象令他大吃一惊：当铲进井里的泥土落在驴子的背部时，驴子的反应令人称奇——它将泥土抖落在一旁，然后站到铲进的泥土堆上面！就这样，驴子将大家铲在它身上的泥土全部抖落在井底，然后再站上去。很快地，这只驴子便得意地上升到井口，然后在众人惊讶的表情中快步地跑开了！

对于那头驴来说，泥土就是压力，这种压力就是来埋葬自己的。但是，驴子将其视为一种助力，最终靠这种助力重获新生。我们的人生在很多时候就会像驴子一样，会遇到很多压力，如果一个人善于化压力为助力，就不会不成功。

【心灵悟语】

没有压力就唤不醒斗志，没有压力就挖掘不出潜力，所以孟子说“生于忧患，死于安乐”。压力是一支强心剂，促使我们驾着生命的马车，不断地快节奏地前进，伴着我们在人生之书上写下辉煌的篇章，在人生大舞台上尽情展现自己的风采。试想，一个懒散而没有压力的人只会为别人的成功喝彩，而自己却一事无成，安于现状，任时光流逝、岁月蹉跎。

也许你正感受着来自生活和学习的压力，也许你正在为此抱怨、不平，与其诅咒命运的不公，不如换一种眼光重新领悟压力的价值。把压力化作动力，压力才能真正发挥出其内在的巨大力量。正如“二战”时期的风云人物斯大林所说，只有伟大的压力，才会产生强大的动力。

角色调换

人生的意志，不能受社会的压力而软弱，也不能受自然的压力而萎缩，应当天天站得笔直、轩昂，但不是骄傲的。这就是我的人生。

——彭相山

有一位著名的心理医生开设了一家心理诊所，每天要为许多病人看病，他总是很有耐心地倾听病人讲述并为其解决心理困扰。他每天所接触的病人都是满脸惆怅、心里苦闷，日子一久，所以他也逐渐被那些不快乐的情绪感染了，觉得心中的压力很大。为了平衡情绪、缓解压力，他时常去看喜剧表演，让自己开怀大笑一番。

有一天，心理医生正低头在一个病人的病历卡上记录诊断结果，却听到一个很熟悉的声音说："医生，我很不快乐，生活中没有什么能让我开心的事情。我觉得生活失去了方向，我真想死。"

心理医生抬头一看，是一张熟悉的面孔——一位让自己捧腹大笑的喜剧演员。

这样的巧遇让心理医生不禁哑然失笑。他低头想了一下，说："这样吧，你我交换，我当一天喜剧演员，你当一天心理医生，怎么样？"

喜剧演员原本以为医生在开玩笑，但是看他一脸认真的表情，又不像是开玩笑，于是考虑片刻，接受了这个建议。

喜剧演员扮演了一天"代理医生"，药方由幕后医生开列，他则像模像样地询问病人的病情，并且努力开导病人要寻找一个正确的人生方向。

在喜剧演员的教导之下，心理医生也演了一出喜剧。他忘却了自己的身份，在舞台上装疯卖傻，惹得观众们捧腹大笑。心理医师站在舞台之上，看到台下有这么多笑脸，他的心情好极了。

之后两人恢复各自的身份。有一天，喜剧演员又来挂号看心理医生了。

"医生，我找到了平衡点。现在我知道了，其实我的工作是非常有意义的，我的每一个喜剧动作所引起的每个笑容都是我的成就。我不想死了，因为我的存在可以帮助那么多不快乐的人，让他们获得心灵上的平衡。"喜剧演员容光焕发地说。

心理医生微笑着点点头，说："是啊是啊，谢谢你让我有机会知道，我也能获得这么多的笑脸。"

【心灵悟语】

在如今快节奏的都市生活中，有许多人感到生活真是太累了。这种"累"并不单是体力上的疲劳，更主要是心理上的感受和体验，是精神负担太重、极度疲劳的表现。其实，生活本身并不累，它只是按照自然规律和它本身的规律在运转。说生活太累的人是他本人活得太累了。

人在世上生活的时间屈指可数，不要把自己束缚得太紧了，人活着就要活得有意义，轻松、健康、安全的生活才是我们的追求。不要让自己长期生活在紧张、压抑之中，不要让自己的琴弦绷得太紧。必要的时候，不妨放松一下。

战胜弱点小贴士：如何解决压力过大的问题

1. 自觉主动认知

只有认清造成压力的根源，对压力产生的影响以及自己抵御压力能力做出正确的结论，才能适应压力，进而达到心理上的平衡。如果认识到自己在压力面前不是无能为力的，就能减少压力的有害影响。

2. 不要故意给自己施压

不少人对社会、对家庭、对自己都有不同程度的不满。有些人喜欢在压力中生活，在压力中迎接挑战，觉得那是一种惬意、满足。但不是每次都有好运气，压力多了会压得自己喘不过气来，久而久之就会损害自己的身心健康。

3. 学会转移和释放压力

生活中，面对各种各样的压力，转移是一种非常好的办法。压力太重背不动了，那就放下来不去想它，把注意力转到让你轻松快乐的事上来。等心态调整好以后，已经坚强起来的你还会害怕你面前的压力吗？比如做一些体育运动，体育运动能使你很好地发泄自己的情绪，运动完之后你会感到很轻松，这样就可以把压力释放出去。

4. 用积极的态度面对压力

在充满竞争的都市里，每个人都会或多或少地遇到各种压力。可是，压力可以是阻力，也可以变为动力，就看自己如何去面对。现代心理学研究发现，人在心情愉快时，身体的新陈代谢就会改善。烦闷、懊恼、愤恨、焦虑、忧伤，是压力的催化剂。因此，要经常保持愉快的心情，培养坚强、乐观、开朗、幽默的性格，具有广泛的爱好和兴趣，始终保持积极向上的生活态度。

5. 遗忘生活的烦恼

现在的生活节奏比过去明显加快，生活方式也随着社会文明不断更新，人们的压力也越来越大。为了使疲惫的机体张弛有度，学会遗忘是生活中必不可少的。其实，生活中许多事情不需要人们牢记，诸如同学间的无端摩擦、朋友之间细微纠纷，以及与生活和学业都无关的鸡毛蒜皮的事情等，大可不必放在心上。当如烟的往事搅得你心烦意乱，给你带来种种困扰时，你便会感到遗忘确实是一剂“良药”。

6.合理地安排休息时间

严格执行自己制定的作息制度，使生活、学习、工作都能有规律地进行。尤其是保证充足的睡眠，不要挑战自然法则，否则必然造成恶性循环。

不要无中生有：别让猜疑毁了你的生活

宁可我负天下人，不可天下人负我

心思中的猜疑有如鸟中的蝙蝠，他们永远是在黄昏里飞的。

——培根

三国时期，曹操“挟天子以令诸侯”，取得了政治上的主动，在著名的官渡之战中，以少胜多，大败袁绍，基本上统一了北方。他兴修水利、熟读兵法、爱惜人才、精通文学，但他为人狡诈多疑，曾杀害了当时的不少名士和文人，为后人所鄙薄。

在董卓弄权作乱之时，曹操用计谋企图刺杀董卓，不料被董卓发觉，仓皇逃至城外，哪知被中牟县县令陈宫拿住。陈宫听了曹操一番言谈，认为曹操是位乱世英雄，就毅然弃官不做，与曹操一同出逃。

他们逃到成皋的地方时天色已晚，曹操用鞭子指着林子深处对陈宫说："这里有一人姓吕，叫吕伯奢，是我父亲的结义弟兄，我们就在他家里借宿一夜吧。"二人来到庄前下马，进里边见到吕伯奢，说明来意。吕伯奢便说："你们就放心住在我的茅舍里面吧。"说完，进到里屋好长时间才出来，对他们二人说："我家没有好酒，待我出去打回一些来款待你们。"说完就骑着驴离去了。

曹操与陈宫坐了好久，忽然听到屋子后有磨刀的声音。曹操生了疑心："吕伯奢不是我的至亲，这次他去了好久也没回来，我们应当去听听他们家人的谈话。"

二人悄悄走到草堂前，只听到里面有人说："绑了以后再杀，怎么样？"

曹操听了大惊道："对了，现在若不先下手，必被他们擒住。"于是便冲进屋中，举剑杀了他们一家八口。

等搜到厨下，却发现绑着一头待杀的猪。陈宫道："你多心了，误杀了好人啦！"

二人赶忙骑马出庄，向外逃走。谁知正好遇到吕伯奢骑驴回来，鞍上挂着酒和菜，一见二人，便问道："如何匆忙而走？"

曹操答道："我们是有罪之人，不敢久留。"

吕伯奢说："我已经命家人杀猪款待二位了，你们为何不留宿一夜呢？"

曹操心中有鬼，哪里肯回去，可他没有走几步，却回头拔剑在手，把吕伯奢斩于驴下。

陈宫大惊，他问道："刚才你杀人，是由于误会，如今杀人又是为何呀？"

曹操答道："他回家发现家人被杀，肯定不肯罢休，一定会带人追杀我们，不如先下手为强。"

陈宫说："这样做，太不仗义了。"

曹操说："宁可我负天下人，不可天下人负我。"

此语让陈宫无言以对。后来，陈宫终于认清了曹操的真面目，便不辞而别，投奔吕布去了。

曹操以其一副多疑的心态，不但误杀了好人，还为此失去了一位朋友。

【心灵悟语】

猜疑是人性的弱点之一，历来是害人害己的祸根，是卑鄙灵魂的伙伴。一个人一旦掉进猜疑的陷阱，必定时时神经过敏，事事捕风捉影，对他人失去信任，对自己也同样心生疑窦，损害正常的人际关系。

有了猜疑之心，对待朋友，看待事实，就不能从客观实际出发，进行合乎逻辑的判断、推理，而是凭借表面现象，主观臆断，随意夸大，进而扭曲事实，得出一个不切实际的结论；或者先入为主，先设框框，然后察言观色，甚至无中生有，把幻觉当真，把一些毫无关系的现象也当作事实材料，生拉硬拽来当作证据。"宁可我负天下人，不可天下人负我。"这样的人除了自己谁都不会相信，曹操虽雄才大略，然而做人无疑是失败的。

项羽与范增

疑则勿用，用则勿疑。

——陈亮

范增是项羽的得力谋士，许多次，刘邦的计谋都被他识破。刘邦要打败项羽，首先想到的就是除掉范增，在陈平的协助下，刘邦用了一次反间计。当楚汉两军在荥阳（今河南荥阳）相持不下时，项羽为了打败刘邦，便借议和为名，派遣使者入汉，顺便探察汉军的虚实。陈平听说楚国使者要来，正中下怀，便和刘邦布好圈套，专等楚国使者上钩。

楚国使者进入荥阳城后，陈平将他带入会馆，留他午宴。两人静坐片刻，一班仆役将美酒佳肴摆好。陈平问道："范亚父（范增）可好？是否带有亚父手书？"楚国使者一愣，突然明白了是怎么回事，正色道："我是受楚王之命，前来议和的，并非亚父所派遣。"

陈平听了，故意装作十分惊慌的样子，立即掩饰说："刚才说的是戏言，原来是项王使臣！"说完，起身外出，楚国使者正想用餐，不料一班仆役进来，将满案的美食全部抬出，换上了一桌粗茶淡饭。楚国使者见了，不由怒气上冲，当即拍案而起，不辞而别。

回到楚营后，使者立即去见项羽，将自己的所见所闻添油加醋地告诉了项羽，并特别提醒项王，范增私通汉王，要时刻注意提防。

其实，陈平的反间计并不高明，如果稍微考虑一下，就不难找出其中的破绽。只是项羽寡断多疑，加之性格刚愎自用，自然也就不会想到这些。

项羽听后，愤恨地说道："前日我已听到关于他的传闻，今日看来，这老匹夫果然私通刘邦。"当即就想派人将范增捉来问罪，还是左右替范增劝解，项羽这才暂时忍住怒火，但对范增已不再信任。

范增一直对项羽忠心耿耿，他心无二用，对此事一无所知，一心协助项羽打败刘邦。他见项羽为了议和，又放松了攻城，便找到项羽，劝项羽加紧攻城。项羽不禁怒道："你叫我迅速攻破荥阳，恐怕荥阳还未攻破，我的头颅就要搬家了！"范增见项羽无端发怒，一时摸不着头脑，但他知道项羽生性多疑而刚愎，不知又听到了什么流言，对自己产生了戒心。

范增想起自己对项羽忠心耿耿，一心助楚灭汉，项羽不仅不听自己的忠言，反而怀疑自己，十分伤心。他再也耐不住了，便向项羽说道："现在天下事已定，望大王好自为之。臣已年老体迈，望大王赐臣骸骨，归葬故土。"说完，转身走出。项羽也不加挽留，任他自去。

【心灵悟语】

项羽之所以失去了一个得力的谋士，就是吃了猜疑的亏，猜疑实在是害己又害人。对成功路上艰难跋涉的人来说，猜疑是一个随时可能吞没你整个宏伟事业的陷阱。

从心理学上讲，猜疑是由于不信任而产生的一种怀疑心理，十分有害。猜疑是一个可怕的心理误区，因为猜疑会破坏人与人之间最宝贵的东西——信任，引起对方的反感和抵触，这就暗藏着彼此关系破裂的危险。它像一片阴暗的沼泽地，使人越陷越深，甚至失去理智。猜疑会增加思想压力，打破心理平衡，使人陷入惴惴不安之中，天长日久可以导致心理崩溃。猜疑，不但是对对方的不尊重，也是对自己缺乏信心的表现。

信任的最高境界

多疑的人永远不能成为好朋友。友谊需要信任。如果要把信心不断地分析、校准、弥缝、恢复，那么，信心只能增加人生的苦恼，而绝不能获得爱所产生的力量和帮助……但若信心误用了又怎样呢？也没有关系：我宁愿被一个虚伪的朋友欺弄而不愿猜疑一个真正的朋友。

——莫洛亚

一天，就职于英国某家大公司的福克斯先生接到了一个法官打来的电话，称福克斯先生由于涉嫌在某超市书店盗窃了两本书籍，被他人告到了法院，并通知福克斯先生到法庭接受调查。

由于福克斯先生工作出色，在公司即将升职。因此，福克斯怀疑是有人故意在打压自己。而且，近两个月时间里，福克斯先生基本没有到过超市。在法庭，福克斯先生见到了起诉自己的那位自己并不认识的青年。第一天，法庭辩论毫无结果。回到公司，心情沮丧的福克斯先生发现在自己推门走进办公室的一刹那，办公室里的同事们一下子都将怀疑的目光投向了自己。尽管时间极其短暂，但是，福克斯先生还是从众多的目光中读出了“不信任”三个字。

莫名其妙的官司纠缠、同事们怀疑的目光，让福克斯先生内心倍感压力，情绪也坏到了极点。快下班的时候，身心疲惫的福克斯先生走进了老板的办公室，递上了辞呈。

老板看了看福克斯先生，说："这样吧，你明天到我办公室来，再确定是否辞职。"第二天，福克斯先生刚走到办公室门口，碰巧遇到了老板。老板笑了笑，同福克斯先生聊起了家常。轻松的话题很快使福克斯先生的情绪有了好转，笑容又回到了脸上。于是，老板和福克斯一起，走进了办公室，在会客室靠近门口的地方，两人愉快地聊着轻松的话题，并不时发出愉悦的笑声。老板的态度也影响着员工们的态度。福克斯先生随后发现，同事们不再用怀疑的目光看待自己，交往中充满了对自己的信任。自信又重新回到了福克斯先生身上。带着同事和老板的这份信任，自信的福克斯先生在第二次庭审中，以无可辩驳的事实赢得了胜利。

老板和同事的信任让福克斯找回自信。信任，对于福克斯先生来说，是一笔巨大的财富。

另一个与信任有关的故事发生在第二次世界大战期间的欧洲战场上。

1944年的圣诞夜，两个迷了路的美国大兵拖着一个受了伤的兄弟在风雪中敲响了位于德国西南边境亚尔丁森林中的一栋小木屋的门。木屋的主人是一个善良的德国女人，她轻轻地打开了门。接着，女主人开始有条不紊地准备圣诞晚餐，没有丝毫的慌乱与不安，没有丝毫的警惕与敌意。在她的身后，美国大兵们则静静地坐在炉边烤火，除了燃烧的木柴偶尔发出一两声脆响外，静得几乎可以听到雪花落地的声音。

女主人忙着布置餐桌的时候，门又一次被敲响了。站在满心欢喜的女主人面前的，不是送来礼物和祝福的圣诞老人，而是四个同样疲惫不堪的德国士兵。女主人告诉她的同胞："这里有几个特殊的客人。今夜，在这栋弥漫着圣诞气息的小木屋里，要么发生一场屠杀，要么大家一起享用一顿可口的晚餐。"

在女主人的授意下，德国士兵们垂下枪口，鱼贯进入小木屋，然后顺从地把枪放到墙角。于是，1944年的圣诞烛光见证了或许是"二战"史上最为奇特的一幕：一名年轻的德国士兵慢慢蹲下身去，为一名年轻的美国士兵检查腿上的伤口，然后向自己的上司说着什么。人性中善良和温情的一面决定了他们的感觉是奇妙而美好的，没有人担心对方会以迅雷不及掩耳之势把自己变成邀功请赏的俘虏。第二天，睡梦中醒来的士兵们在同一张地图上寻找着回到己方阵地的最佳路线，然后握手告别，沿着相反的方向，消失在白茫茫的雪原中。

【心灵悟语】

信任是人与人交往的基础，没有信任，就不可能存在有效的沟通。只有敞开心扉，求得彼此之间的了解沟通、增加相互信任、消除隔阂、消除误会，才能获得最大限度的理解。因此，在生活中，我们要减少猜疑，学会信任别人。少一分猜疑，多一分信任，成功的道路就在你的脚下。

战胜弱点小贴士：改正胡乱猜疑的习惯

1. 认识多疑的危害

我们要加强自身修养，平时多看一些健康向上的书籍，端正人生态度，全面认识到多疑心理的危害及可能产生的不良后果，克服多疑心理，用宽广的胸怀、友善的态度与别人交往。

2. 培养理性的思维，防止感情用事

猜疑者在消极的自我暗示心理下，就会觉得自己的猜疑顺理成章、天衣无缝。我国自古就流传有 “疑人偷斧” 的故事，这就是一个非常典型的例子。因此在现实中，我们遇事要保持冷静，多观察、分析和思考，克服那种当局者迷的认知错误。这是消除自己猜疑心的重要途径。

3. 增强自信心

事实上，很多猜疑都是出于“天下本无事，庸人自扰之”的心态。由于缺乏自信，猜疑者特别在意别人的评价，又特别担心别人的评价，总是怀疑别人在做有损自己名誉或做不利于自己的事情。因此，我们要增强自信心，以乐观的态度看待现实，才不会遇事总往坏处想；以理智的方式对待别人的议论，不会成天担心别人如何议论自己。

4. 学会自我安慰

一个人在生活中，遭到别人的非议和流言或与他人产生误会很正常，没有什么值得大惊小怪的。在一些生活细节上不必斤斤计较，可以糊涂些，这样就可以避免烦恼。如果觉得别人怀疑自己，应当安慰自己不必为别人的闲言碎语所纠缠，不要在意别人的议论，这样不仅解脱了自己，而且还取得了一次小小的精神胜利，产生的怀疑自然就烟消云散了。

5. 学会情感交流

有时，猜疑可能是由彼此间缺乏交流引起的。人们常说，长相知才能不相疑。如果交往双方都能做到襟怀坦白，开诚布公，才会相互信任，而有了信任这个前提，猜疑心就会烟消云散。

因此，及时沟通、坦诚相见是化解疑心的好方法。

不要心怀嫉妒：莫被嫉妒冲昏头

天鹅的嫉妒心

有嫉妒心的人自己不能完成伟大事业，便尽量去低估他人的伟大、贬抑他人的伟大性使之与他本人相齐。

——黑格尔

很久以前，有一个地方遇到了百年不遇的大旱灾，湖水干涸，地面也干得裂开了口子。

在这个地方的湖中住着一只鳖。湖水干涸以后，它为了生存，便想找一个有水源的地方生活。可是它爬的速度太慢了，只怕自己爬不了多远就会又饿又渴地死去。

有一天，从远方飞来了一群天鹅，它们围绕着以前有湖水的地方飞来飞去，寻找原来栖息过的湖泊。鳖见了，便叹了口气说：“别找了，湖水早就干了。”

天鹅们非常失望，只好商量再飞到别的地方，去找有水的地方。

鳖听了天鹅的话，心想：“天鹅飞得快，一定很快就能找到水，不如求它们帮忙，把我也带走。”于是，鳖就去求领头的天鹅。

天鹅答应带鳖一起走。于是，它们轮流用嘴衔着鳖向远方飞去。

天鹅飞了好远的路。一天，它们经过一座城市的上空。那里的人看到天上飞过一群洁白美丽的天鹅，都抬头仰望，赞叹道：“多漂亮的天鹅啊！今生能看到如此圣洁的动物，真是幸福！”这个时候，也有人发现了天鹅嘴里衔着的鳖。看到了丑陋的鳖，人们放声大笑：“哈哈！这只丑陋的鳖怎么会和天鹅在一起？原本在地上的，现在也跑到天上去了。难道丑鳖也想变成天鹅？别做梦了，真是不自量力啊！”

鳖听到人们夸赞天鹅而嘲笑自己，终于忍不住了。它破口大骂：“你们这群天鹅，到底比我好看多少？不过是有两只翅膀可以在天上飞罢了！有什么了不起的。臭美！”天鹅一开始还忍耐着，后来看到鳖因为嫉妒心起，骂得越来越难听，终于难以忍受。本来用嘴衔着它就够累了，被它一骂，天鹅们相互使了一个眼色，把嘴巴张开，还在哇哇叫的鳖突然感到身体直线坠落，还没有发觉是怎么回事，已经掉到地上摔死了。

【心灵悟语】

可怜又可悲的鳖就这样断送了自己的性命，究其根本原因就是由于嫉妒造成的。自然界的动物尚且如此，更何况人呢？如果一个人在生活中产生了嫉妒情绪，那么他就会从此生活在阴暗的角落里，不能在阳光下光明磊落地说和做，只会面对别人的成功或优势咬牙切齿，无可奈何。一个人有了这种不健康的情感，就等于给自己的心灵播下了失败的种子。

嫉妒害人害己

妒忌就是对比自己强的人心怀怨恨。

——石川达二

战国时，张仪和陈轸都投奔到秦惠王门下，受到重用。可不久，张仪便产生了嫉妒心，因为他觉得陈轸有才干，比自己强很多，担心时间一长，秦王会冷落自己，偏爱陈轸。于是他就找机会在秦王面前说陈轸的坏话。

一天，张仪对秦惠王说："大王时常让陈轸来往于秦国和楚国之间，可现在楚国对秦国的态度并不比从前友好，反而对陈轸特别好。可见，陈轸在全心全意为自己谋利，并不是诚心诚意为我们秦国做事。有人说陈轸把秦国的机密泄露给楚国。作为您的臣子，怎么可以这么做呢？我不愿意同这样的人一起共事。况且最近我又听说他打算离开秦国到楚国去。要是这样，大王倒不如杀掉他。"

听了张仪这番挑拨，秦王自然很恼怒，马上传令陈轸进见。一见面，秦王就对陈轸说："听说你想离开我，准备上哪儿去呢？告诉我，我好为你准备车辆呀！"

陈轸一听，摸不着头脑，只是两眼直盯着秦王。很快他便明白过来，这里面一定有原因，于是镇定地回答："我准备到楚国去。"

秦王心想果然如此。对张仪的话更加相信了，他缓缓地说："那张仪的话并不是虚言了。"

陈轸心里完全清楚了，原来是张仪在捣鬼！他没有马上正面回答秦王的话，而是定了定神，不慌不忙地解释说："这事不仅是张仪知道，连过路的人都知道。从前，殷高宗的儿子孝己非常孝敬自己的继母，故而天下人都希望孝己能做自己的儿子；吴国的大夫伍子胥对吴王忠心耿耿，以至天下的君王都希望伍子胥做自己的臣子。所以说，卖掉奴仆和小妾，如果左右邻居争着买，这就说明他们是忠实的奴仆和贤良的小妾，因为邻居非常了解他们才争相去买；一个女子，因为同乡的小伙子争着要娶她为妻，这就说明她是个好女子，因为同乡的人比较了解她。反过来如果我忠于大王您，楚王又怎么会要我做他的臣子呢？我忠心一片，却被怀疑，我不去楚国又到哪里去呢？”

秦王听了，觉得有理，点头称是，不仅不再怀疑陈轸，而且更加重用他，给了他更丰厚的待遇，相反对张仪冷淡了许多。

【心灵悟语】

这是一个很明显的教训，嫉妒者无不以害人开始，以害己而告终。

嫉妒是一种束缚手脚、阻碍事业发展、影响生活的情绪。其特征是害怕别人超过自己，忌恨他人优于自己，将别人的优越处看作是对自己的威胁。于是，便借助贬低、诽谤他人等手段，来摆脱心中的恐惧和忌恨，以求心理安慰。嫉妒也会使人变得消沉，或是充满仇恨。如果一个人心中变得消沉或是充满仇恨，那么他距离成功也越来越远。

孑然一身的于娜

一个嫉妒的人就是一个贪婪的人。

——雨果

于娜曾经和她的朋友们相处得很好。那时她已经恋爱了，交往的男友条件不错，足以让她在同事和朋友面前引以为荣。她重视外表的光鲜，很会打扮，眼光独到，朋友们常从她这里学到东西。那时她偶尔会劝单身的姐妹一起去泡吧，有的跟着她去了，有的不想去，却明白她的善意，即使不喜欢吧里的氛围，仍是喜欢她的。

后来，于娜身边的小姐妹们也纷纷开始恋爱了，从那时起，于娜就开始不对劲了。大家一起逛商店，只要朋友买的东西比她买的贵，或是朋友的男友送的礼物更好，她就觉得耿耿于怀，回去就跟男友过不去，非得要个更贵的东西，把别人比下去。刚开始吵了一两次，男友多掏点儿钱买东西哄哄也就过去了，可长此以往，哪有钱去满足她在所有物品上都要胜过身边所有人的要求？男友只好和她分手。

于娜和男友分手后，又碰上几个朋友陆续结婚，她好像生怕单身久了嫁不掉似的，碰上个条件不怎么样的人也急匆匆地结婚了。由于对自己的婚姻并不满意，她的嫉妒心逐渐失控，见不得别人过得比自己好。

有人和男友感情融洽，她会百般挑刺，劝别人赶紧分手；有人生了小孩，胖乎乎的样子很可爱，她会说小孩胖看着特别傻；她听说一个同事买了台液晶电视，就酸溜溜地说："我们家的电视还行，先不换，反正又没有外人来看。"谁家的电视是买给外人看的？发展到后来，任何人买了她买不起的东西，都会被她话中带刺地说几句，搞得谁都不敢再跟她多接触。

于娜现在越来越孤单了，周末也难得约到朋友出来玩，似乎别人的时间总是早有各种各样的安排。有一回她打了一圈电话，也没找到能陪她去买衣服的人，可她独自逛街的时候，在商场看到几个熟人正有说有笑地闲逛——她们刚用不同的理由拒绝了她的邀请。于娜的心顿时被愤怒和委屈填满了，可她没有上前质问，而是转身就走，还生怕被她们看到自己狼狈的身影。是从什么时候开始，自己竟落到了这般田地？于娜自己也不知道。

【心灵悟语】

嫉妒是一种毒药，攻击别人的同时也灼烧自己的内心。像于娜的这样嫉妒心强的女人，永远也无法得到幸福，她只习惯当红花，让别人做陪衬的绿叶，一旦别人比她条件优越，她就会感到痛苦。

嫉妒产生的原因，大多是由于自知不足，比不上别人，这本身就是一个促其转变的好契机。"知耻近乎勇"，知道自己不足，努力加以弥补，这才是积极的态度。如果人与人之间由于嫉妒而你整我，我整你，冤冤相报，何时能了？而且，喜欢嫉妒别人的人自己的日子也不好过。每天嫉妒别人，自己心里也烦恼，总是觉得别人比自己高明，对此又不能平静，由嫉妒变成想算计别人。

在生活中，当你发现你正隐隐地嫉妒一个各方面都比自己能干的人的时候，你不妨反省一下自己是否在某些方面有所欠缺。在你得出明确的结论后，你会受到启发。你不妨就借嫉妒心理的强烈超越意识去发奋努力，升华这种嫉妒之情，以此建立强大的自我意识来增强竞争的信心。这样，不但可以克服自己的嫉妒心理，而且可使自己免受或少受嫉妒的伤害，同时还可以取得事业上的成功，又可感受到生活的愉悦。

战胜弱点小贴士：如何消除嫉妒心理

1. 认识到嫉妒的危害

嫉妒不仅影响人与人之间的关系，而且对自己也没有好处。应当认识到嫉妒的本质和危害，因为人人都需要与同伴接触和交流，而嫉妒却有碍于人际关系的和谐和自己的进步，发展下去既会害了别人，还会毁了自己。

2. 建立自信

在纸上写下自己的优点和缺点。努力克服自己的缺点，渐渐地就会觉得对自己越来越满意。按照自己的方式生活，这会让你更开心，也更不容易嫉妒别人。

3. 客观评价自己

当嫉妒心理萌发时，能够积极主动地调整自己的意识和行为，从而控制自己的动机。这就需要客观、冷静地分析自己，找出差距和问题。

4. 树立正确的竞争意识

树立正确的竞争意识，明白竞争的真正意义在哪里——是为了找到自己的位置，并努力提高自己的能力，实现自己的价值，把自己的好胜心引向积极的方向，而不是用不正当、不光彩的手段去获取竞争的胜利。

5. 培养博大的胸怀

有嫉妒心理的人，往往有自身的性格弱点。如：与人交往时，喜欢做受人瞩目的核心；当不能成为社交中心时，就会发脾气；不会感谢人，易受外界影响等。对此，我们要培养博大的胸怀，对获得成功的人多加赞美，并激励自己虚心学习他人的长处，通过自己的努力去超越别人。面对挫折时，要理性分析，找到失败的原因，决不怨天尤人，垂头丧气，一蹶不振，从而使自己经得起任何风吹浪打，对别人的成功感到由衷的高兴，对他人的不幸给予深切的同情，对自己的未来有从头再来的信心。

6. 学会自我宣泄

遇到事情最好能找知心朋友、亲人痛痛快快地说个够，他们能帮助你阻止嫉妒朝着更深的程度发展。另外，可借助各种业余爱好来宣泄和疏导情绪，如唱歌、跳舞、练书法、下棋等。

不要钻牛角尖：人生何必太较真

别跟自己过不去

走自己的路，让别人说去吧。

——但丁

有一个外企女职员，原来在北京外国语大学学习的时候，是一个十分自信、从容的女孩。她的学习成绩在班级里出类拔萃，相貌也是一流的，追她的男孩子特别多。毕业以后，她成了外企职员。在那儿干了一个月之后，旁人惊讶地发现，原先十分活泼可爱、爱说话的她，竟然像换了一个人似的，不但说话变得羞羞答答，连行为也变得畏首畏尾。而且说起一些事情的时候，总是显得特别不自信，和大学时候形成鲜明的对比。每天上班前，她要在穿衣打扮上花整整两个小时的时间，为此她不惜少睡两个小时。她之所以这么做，是怕自己打扮不好，长相不好，被同事或上司耻笑。在工作中，她更是小心翼翼，以致到了谨小慎微的地步。

是什么使她有如此突然的变化？为什么原来活泼自信的她变得自卑了呢？是她工作干得不好屡遭批评？据说她的业绩还是一流的。

其实，原因十分简单，一切都是她自己的原因。她这种自卑感的产生，在心理学上，属于后天的认识性自卑，也就是说，主要原因在于她的认识——她对周围环境的认识、她对工作的认识、她对同事与上司的认识，更主要的是她对自己的认识。

到了外企之后，由于发现同事们服饰举止都显得如此高雅大方，她一下子就感觉到自己像个小家碧玉，上不了台面。她对自己的着装产生了深深的憎厌。所以，第二天她就跑到高档商场去了。可是，当时工资还没有发，她买不起那些名牌服装，于是，只好灰溜溜地回来了。来公司的第一个月，可以说她是低着头度过的。她不敢抬头看别人穿的正宗的名牌西服、名牌裙子，因为一看就会感觉到自己的穷酸。看着那些外籍同事或早早进入外企的中国同事，她们的服饰都是一流的品牌，走在路上裙带当风，而她自己呢，竟然还是一副学生样！

想想这个，她几乎要哭出来。她恨自己的贫穷。

服饰还是小事。她和同事们的另一个不同在于同事们平时用的香水都是法国货，在她们所及之处，处处清香四逸，而她自己用的只是国产的低档香水。

女人与女人之间，聊起来无非是生活上的琐碎小事。而所谓生活上的琐碎小事，主要的当然是衣服、化妆品、首饰等。而这些，她几乎什么都没有。这样，她在同事们中间就成了另类，有时候她恨不得找个地洞钻进去。

久而久之，在同事们面前，她怎能不自卑呢？

在她工作的第一个月，由于不熟悉工作，她连遭上司的训斥。她每每被弄得委屈不堪，回到宿舍就躲在被子里哭。这样一段日子下来，看着别人好好地待在自己的岗位上，她更觉得自己不如别人了。

还有一点让她觉得抬不起头来：刚进公司的时候，她还要负责做清洁工作。早上和晚上，刚上班时和将下班时，她都得拖地、擦桌子，早上还要打开水。上司告诉她，新来的职员都要这样做。

看着同事们悠然自得地享用着她倒的开水，她觉得自己简直是个清洁工。就这样，原本一个自信、从容的女孩，变成了一个不声不响的老实人，这个过程就是自轻自贱的过程，也是破罐子破摔的做法。她根本用不着自轻自贱。她的这种自轻自贱，根本是“一厢情愿”的结果，是她自己跟自己过不去，是她自己的认识有误才导致的结果。

【心灵悟语】

其实，生活中，只要我们不跟自己过不去，很少有人会跟我们过不去。苦恼总是有的，有时人生的苦恼，不在于自己获得多少，拥有多少，而是自己想得到更多。人有时想得到更多，而自己的能力很难达到，所以我们便感到失望和不满。然后，我们就自己折磨自己，说自己“太笨”“不争气”，等等，经常跟自己过不去，与自己较劲。很多时候，是我们自己放大了烦恼，郁郁寡欢，一味地跟自己较劲。其实，我们大可以活得轻松一些，顺其自然，无须被生活拴上太多的枷锁。

对于尽了力也做不到的事情，就不要再勉强自己去做了；对于已经发生的事，就不要再去想那些让人气愤的过程了；对于不属于自己的东西，就不要再执着了。事情既然如此，就顺其自然吧，关键是要享受生活，而不是和自己较劲儿，把生活变得黯淡。

凡事别跟自己过不去，永远保持对生活的美好认识和执着追求，学会享受生活，才能懂得珍惜身边的一切。这样，你的生活才会更加丰富多彩，你的生命也会更加富有内涵！

别为打翻的牛奶哭泣

聪明的人永远不会坐在那里为他们的过错而悲伤，却会很高兴地去找出办法来弥补过错。

——莎士比亚

保罗博士是纽约市一所中学的老师，他曾给他的学生上过一堂难忘的课。这个班级的多数学生常常为过去的成绩感到不安。他们总是在交完考试卷后充满忧虑，担心自己不能及格，以致影响了下一阶段的学习。

有一天，保罗博士在实验室讲课，他先把一瓶牛奶放在桌子上，沉默不语。学生们不明白这瓶牛奶和所学的课程有什么关系，只是静静地坐着，望着保罗博士。保罗博士忽然站了起来，一巴掌把那瓶牛奶打翻在水槽之中，同时大声喊了一句："不要为打翻的牛奶哭泣！"然后，他叫所有的学生围拢到水槽前仔细看那破碎的瓶子和淌着的牛奶。博士一字一句地说："你们仔细看一看，我希望你们永远记住这个道理。牛奶已经淌光了，不论你怎样后悔和抱怨，都没有办法取回一滴。你们要是事先想一想，加以预防，那瓶奶还可以保住。可是现在晚了，我们所能做的就是把它忘记，然后注意下一件事。"

保罗博士的表演，使学生学到了课本上从未有过的知识。许多年后，这些学生仍对这一课留有极为深刻的印象。

【心灵悟语】

"不要为打翻了的牛奶而哭泣！"这是多么发人深省的话语。看似简单的一句话，却意义深刻，它其实是告诉我们一种对待错误和失误的心态——不要为自己的过失而苦恼。对过去的错误，有机会补救，就尽力补救；没有机会补救，就坚决将其丢到一边。不要陷在过去的泥沼里，否则越陷越深，无法自拔，你将错失更多的东西。正如泰戈尔所言："如果你因为错过太阳而流泪，那么你也将错过月亮和星辰。"我们总是执着、感伤于曾经失去的一切，以致忽略了身边的风景以及未来可能存在的惊喜，这不能不说是一种得不偿失。

生活中，总会有一些意想不到的事情发生。当你面对一些不幸的打击时，要学会潇洒地挥一挥手，告别昨天。不要把宝贵的时间和精力浪费在悔恨、自责和羞愧上。这些负面情绪只会阻止你改变目前的生活状态，因为它们只会让你的意识停留在过去。

大臣的智慧

生活中的所有事物都有其好的一面，也有其不利的一面，需要我们正确看待。

——拉塞尔

很久以前，有一个国王对打猎情有独钟。有一次，他带领手下在杂草丛生的森林中追赶猎物时，不幸被树枝扎瞎了一只眼睛。国王本人疼痛难忍，随行人员也为之惋惜。一个深受国王宠爱的大臣不论遇上什么事，总是愿意去看事物好的那一面，此时说了句口头禅："很好，这是件好事。"

国王听了非常生气地说："你真是胆大包天！我的眼睛都瞎了，你还认为这是好事！"

大臣解释说："大王啊，被刺瞎一只眼睛总比丢了一条命来得好吧！不好的事情都有好的一面，想开一点儿，一切都是最好的安排！"

国王说："如果我把你关进监狱，这也是最好的安排？"

大臣微笑着说："如果是这样，我也深信这是好事。"

国王勃然大怒，于是下令把他抓进了牢房。这位大臣仍笑着说："这很好，这是件好事。"人们都认为这位大臣神经有毛病，没有搭理他。

过了些日子，国王的伤口痊愈，又兴致勃勃地带领一帮人到山上去打猎。这次由于追逐猎物太远，他们不知不觉迷了路，结果误入了食人部落并被活捉。食人部落要将这些入侵者的头全部割下来做祭品供奉天神，当食人部落的人准备宰杀国王的时候，发现国王瞎了一只眼。根据部落的规矩，不完整的祭品属于冒犯神灵的不洁之物，供给天神是会受到惩罚的。这个部落的人只好把国王押下祭坛，并驱逐出境。大难不死的国王在山林里转了好几天，终于找到了回家的路。

脱困的国王大喜若狂，飞奔回宫，忽然想起了那位被关入大牢的大臣说过的话，觉得很有道理，立即命令人把他从大牢里放出来，在御花园设宴，为自己保住一条命而庆祝，同时向他道歉。

国王向大臣敬酒说：“你说的真是一点也不错，果然一切都是最好的安排！如果不是曾被刺瞎了眼睛，今天我连命都没了。”

大臣笑着对国王说：“恭喜大王对人生有了新的领悟。”

国王还是略带不解地问大臣：“我侥幸保住性命，固然是好事，可是你在监狱里蹲了一个月，难道这也是好事？”

“绝对是好事啊，臣应该感激大王才是。”

国王不明白为什么自己误会了大臣、让他遭受坐牢之灾，他反而会感谢自己。大臣解释说：“你把我关在牢中当然不是坏事。大王不妨想想，若不是您把我抓起来，我一定会随大王去打猎，我一定会和其他大臣一样被食人部落杀头献祭。正是因为大王把我关在牢里，我才幸运地躲过一劫啊。”

【心灵悟语】

凡事往好处想，人生就会更快乐。凡事都往好处想，就会不让自己的好心情被破坏，就会变不利因素为有利因素。这样的人自然能创造出最有利于发展自己的空间与环境。

有些人总是喜欢说他们现在的状况是别人造成的，环境决定了他们的人生位置，许多事情他们无法摆脱，也不能往好的方向想。这是因为他们从未真正地往好的方向想过，他们总是悲观失望，有时即使有好的想法，也马上会被自己所否定。说到底，如何看待人生，全由我们自己决定。

战胜弱点小贴士：如何改变爱钻牛角尖的习惯

1. 保持积极的心态

容易想不开的人往往性格内向，情绪消沉，自信心不足，喜欢以消极的态度看待事物，对事物的结局感到悲观，所以我们要时刻保持积极的心态，乐观地对待生活。

2. 做好自己

如果你一直在跟随别人的脚步，模仿别人的外表，或寻找同样的人生轨迹，那你永远都战胜不了自己。没有完全一样的两个人，一直模仿别人的生活只会让你觉得自己更糟糕。尽管每个人身上都有值得学习的地方，但是别忘了你是独一无二的个体，不要拿自己和他人做比较。

3. 专注于自己的事

别太在乎别人的想法，也别太在乎自己的所谓高兴、痛苦等种种情绪。只要是正当的事情，保持专注地去做，别动太多的心思，别有太多的心计，只问耕耘，不问收获，就自在了。

4. 摆正心态

对一些事情不要武断，不要绝对化，不走极端，遇事多站在对方的立场想一下，自己不是说一无二的君主，应该原谅别人偶尔的不忠或错误。不要以偏概全，世上好人和坏人都有，不要因为世上有坏人，就不相信任何人，没有安全感，要相信那些好人和人世间一切美好的事情。

5. 养成善于接受新事物的习惯

爱钻牛角尖的人往往目光短浅、思维狭隘，不喜欢接受新东西，不轻易改变自己的态度和认识，对未曾经历过的东西感到担心害怕，因此要养成渴求新知识、乐于接触新人新事、并学习其新颖和精华之处的习惯。

不要心浮气躁：浮躁的人无法成大事

心浮气躁做不好事

事业常成于坚忍，毁于急躁。

——萨迪

兰兰是名牌大学的优秀毕业生，各方面表现优异的她有着一种近乎本能的傲气。走上工作岗位后，她信心十足，一心想做出一点儿成绩。然而，上班后她才意识到，每日打交道的都是一些琐碎的工作，既不需要表现出太多的能力，也同样没有什么成效。没有多久，兰兰就产生了浮躁的情绪，而且还时常感到很累。

一次，公司开会，兰兰所在部门的员工在公司通宵加班准备文件。由于她是新人，所以仅仅给她分配了装订和封套的工作。经理一再叮嘱："一定要将所有工作做好，别到时弄得措手不及。"可是，在她的意识中，如此简单的工作，又有什么难的呢？因此，对经理的再三叮嘱，她感到一点儿意义都没有。

看着其他同事都在忙碌着，但她一点儿也不想过去帮忙，只是在那里浏览网页。后来，文件终于交到她手里，她开始了自己的装订工作。她一边打瞌睡，一边装订，但刚刚订了十几份，订书机的钉没有了。她有些不耐烦地打开装订书钉的纸盒，但里面已经没有订书钉了。

这下她马上精神了好多，立刻到处寻找，不知为什么，平时满眼皆是的小东西，现在竟连一个都找不到。她抬头一看，已是凌晨1点半了，而文件必须在早晨8点会议召开前就发到代表手中。

兰兰马上将这件事报告给经理。经理立刻生气地说道：“不是告诉你做好准备吗？这点小事都不用心，真不知道你们大学生现在脑袋里除了浮躁，还有什么？”她当时感到十分羞愧，这一刻，她才发现长久以来积聚在自己心里的浮躁情绪是多么害人。毫无选择，她必须完成自己的工作。走过了大街小巷，终于，在凌晨5点的时候，她找到一家昼夜服务的商务中心，买到了订书钉。最后，她终于赶在8点开会之前，将文件发到了代表手中。

事后，她提心吊胆地等着经理骂她，但出乎意料的是，经理只对她说了一句：“有时让一个人感到身心疲惫的不是工作，而是你浮躁的心。”

【心灵悟语】

在我们的心灵深处，总有一种力量使我们不安，让我们无法宁静，这种力量叫作浮躁。浮躁指轻浮，浮躁的人做事没有恒心，见异思迁，不安分守己，总想投机取巧。

浮躁是成功、幸福和快乐的绊脚石，是人生最大的敌人。如果一个人浮躁，就容易变得焦虑不安或急功近利，最终会失去自我。

对于渴望成功的人，应该记住：你可以着急，却不可以浮躁。成功之路艰辛漫长而又曲折，只有稳步前进才能坚持到终点，赢得成功。如果一开始就浮躁，那么，你最多只能走到一半的路程，然后就会累倒在地。因此，一个人只有控制了浮躁，他才会吃得起成功路上的苦，才会有足够的毅力一步一个脚印地向前迈进，最后走向成功。只有控制好了自己的浮躁情绪，才不会因为各种各样的诱惑而迷失方向。

告别职业生涯的演讲

耐心是高尚的秉性，坚韧是伟大的气质。无论何人，若是失去耐心，便失去了灵魂。

——培根

有一位著名的营销大师，即将告别营销生涯，应各界的邀请，做告别职业生涯的演讲。演讲那天，会场座无虚席，参会的人热切而焦急地等待着大师到场演讲。大幕徐徐拉开，舞台的正中央搭起了高大的铁架，架子上吊着一个巨大的铁球。一位老者在人们热烈的掌声中走出，站在铁架的一边，人们很惊奇地望着他，不知道他要做出什么举动。这时两位工作人员抬着一个大铁锤，放在老者的面前，主持人这时对观众说："请两位身体强壮的人到台上来。"转眼间已经有两名动作快的年轻人跑到台上。

老者对他们说："请用这个大铁锤，去敲打那个吊着的铁球，直到把它荡起来。"一个年轻人抢着拿起铁锤就敲，一声震耳欲聋的声音响起，那铁球一动不动。他用大铁锤接二连三地砸向铁球，很快就气喘吁吁。另一个人也不示弱，接过大铁锤把铁球打得叮当响，可是铁球仍旧纹丝不动。台下逐渐没了呐喊声，观众们认定那是没用的。

老人笑了笑，他掏出了一个小锤，然后认真地面对着那个巨大的铁球"咚"敲了一下，人们奇怪地看着，老人就那样敲一下，停顿一下，就这样连续地做。10分钟过去了，20分钟过去了，人们早已开始骚动，有的人干脆叫骂起来，人们用各种声音和动作发泄着他们的不满。老人仍然用小锤不停地工作着，根本不在意人们的反应。观众开始愤然离去，会场上出现了大片的空位置。留下人们好像也喊累了，会场渐渐地安静下来。大概在老人敲打到40分钟的时候，坐在前面的一个妇女突然叫一声："球动了！"刹那间会场鸦雀无声，人们聚精会神地看着那个铁球。那个铁球以很小的摆幅动了起来。老人仍旧一锤一锤地敲着，铁球在老人一锤一锤的敲打中越荡越高，它拉动着那个铁架子"哐哐"作响，它的巨大威力强烈地震撼着在场的每一个人。终于场上爆发出一阵阵热烈的掌声。在掌声中，老人转过身来，慢慢地把那小锤揣进兜里。他只说了一句话："在成功的道路上，你没有耐心去等待成功的到来，那么，你只好用一生的耐心去面对失败！"

【心灵悟语】

俗话说，十年磨一剑。成大事者，很多情况下不能急躁，而应有足够的耐心等待机会和创造机会。耐心是成功的磨刀石，学会了等待，离成功也就不远了。

现代社会，随着生活节奏的加快，很多人都陷入了对速度的盲目崇拜当中，人们变得越来越没有耐心去等待。可是，人生是一场是马拉松比赛，而非百米冲刺，比的是耐力而不是爆发力。要想取得人生最后的胜利，你必须经过一段非常漫长时期的等待，才可以看出结果。

善于忍耐的人能成大事

忍耐是痛的，但是它的结果是甜蜜的。

——卢梭

日本著名的三井物产的总裁八寻俊邦，是一个懂得忍一时之辱，最终成就了一番大业的典范。1940年，由于在越南的业绩非常突出，八寻俊邦被调回三井物产的总部，并升任为神户分店的橡胶课课长。但在他任课长期间，由于橡胶行情大幅下滑，加上他的应变措施出台太慢，给公司造成了重大的损失，八寻俊邦因此被降为一般职员。其实，业绩下滑在很大程度上是外在客观原因造成的，而将错误完全归咎于八寻俊邦未免有失偏颇，何况他还是有功之臣，但公司还是毫不留情地将他降了职。可能很多人在遭遇这样的情况时，会感到莫大的耻辱，甚至对企业失去信心，因此一走了之，另谋高就。但对八寻俊邦来说，受到这样的处罚虽然让他感到既难过又羞辱，对他打击也非常大，但他还是选择了忍耐。他从哪里跌倒，就要从哪里爬起来。

他真的做到了。八寻俊邦告诉自己，以前的光荣都已成为过去，重要的是今后再遇上问题时要懂得如何处理、应变。他在内心不断地鼓励自己：“绝不气馁！”他很快调整了自己的心态，重新带着巨大的热情投入到工作中去。一年后，八寻俊邦被分配到石油制品部门，他感到展现自己才华的时机到了，于是开始大展拳脚。很快，他升任为三井物产化学品部门的部长。

最终，他成为三井物产的总裁。

【心灵悟语】

从八寻俊邦的经历中，我们不难明白这样一个道理：忍辱并不代表无能，今天的忍辱，是为了明天能够更好地负重。要成就大事，该低头时就低头，该忍痛时就忍痛，这不是怯懦，而是智慧。身处复杂的人际环境之中，只有经得起误解、委屈、压制、打击，能屈能伸，做任何事情都拿得起、放得下，才能不辱使命，不负所托。

忍耐是一种生存智慧。它不是一个抽象的概念，关键要在具体环境里，能理智地区分什么重要，什么不重要；什么是原则问题，什么是非原则问题；什么必须现在解决，什么可以暂缓解决。忍耐能让人获得机会，争取更大的空间。

战胜弱点小贴士：如何改正心浮气躁的习惯

1. 脚踏实地

不要好高骛远，确定适合自己发展的目标。好高骛远者，往往总盯着远处的目标，大事做不来，小事不愿做，最终空怀梦想，空手而归。

2. 学会做计划

浮躁一般是因为没有计划，想做很多事情，却不知道从何处下手。而做好合理的规划则能有效地戒除浮躁的毛病。所以我们可以为自己的目标定下详细的计划，按照自己的计划做事。

3. 培养良好的习惯

浮躁心理很大程度上是平素学习、生活中放松对自己的克制而逐渐形成的。要矫正这种性格缺陷，就必须在日常生活、学习中逐步培养良好的行为习惯。

4. 做事有始有终

不焦躁，不虚浮，踏踏实实做每一件事，一次做不成的事情就一点儿一点儿分开做，积少成多，聚沙成塔，累积到最后，即可完成目标。

5. 调节心理状态

当你因工作或学习而心情烦躁的时候，可以先把工作或功课放一放，听一曲优美、舒缓的音乐；也可以出去散散心，减轻心理上的负担，让心情平静下来，以更充沛更集中的精力重新投入到工作和学习中。

第四章　战胜心灵弱点，内心一定要强大

不要意志薄弱：经得起打击，受得了挫折

风雪交加的日子

困难逼着人想办法，困难环境能锻炼出人才来。

——徐特立

那天的风雪下得可真大，外面像是有无数发疯的怪兽在呼啸厮打。雪恶狠狠地寻找袭击的对象，风呜咽着四处搜索，从屋顶向看不见缝隙的墙壁像老鼠似的“吱吱”叫着钻进来。

同学们心底都在叫冷，读书的心思似乎已被打消。

鼻子被冻得红红的雷科巴老师挤进教室时，一股等待了许久的风，趁机席卷而入，墙壁上的世界地图一鼓一顿，被卷到空中，接着又一个跟头栽了下来。

这时，往日很温和的雷科巴先生一反常态，满脸的严肃庄重甚至冷酷，一如室外的天气。乱哄哄的教室立即安静了下来，学生们惊异地望着雷科巴先生。

“请同学们放好书本，我们到操场上去。”

几十双眼睛在问：“干吗？”

“因为我们要在操场上立正五分钟。”

“这么冷的天要我们站出去，而且是站在大雪之中，老师是不是疯了？”大家都是这么想的。

即使雷科巴老师下了“不上这堂课，永远别上我的课”的“死命令”，还是有几个娇滴滴的女生和几个很强壮的男生没有出教室。

操场在学校的西南角，南边是空旷的菜园，再往南是一个池塘，但是现在操场、菜园和池塘都融为了一体，肉眼根本就辨不出哪是哪。

矮了许多的篮球架被雪团打得“啪啪”作响，借着北风卷地而起的雪粒雪团弄得人睁不开眼张不开口。脸上像有无数把锋利的小刀在拉在划，厚实的衣服像铁块、冰块，脚像是踩在带冰碴的水里。

学生们像一群刚从狼窝逃出的绵羊一样，再次见到凶神恶煞的狼，挤在教室的屋檐下，不肯迈向操场半步。

雷科巴先生没有说什么，面对学生们站定，脱下羽绒衣，毛衣脱到一半，风雪帮他完成了另一半。“快到操场上去，站好。”雷科巴先生脸色苍白，一字一顿地对学生们说。

谁也没有吭声，学生们老老实实地到操场排好了三列纵队。

瘦削的雷科巴先生只穿一件白衬衫，衬衫紧裹着的他更显单薄。

学生们规规矩矩地站立着。

五分钟过去了，雷科巴先生平静地说：“解散。”

回到教室，雷科巴先生说：“在教室时，我们都以为自己敌不过那场风雪，事实上，叫你们站半个小时，你们也顶得住，叫你们只穿一件衬衫，你们也顶得住。面对困难，许多人戴了放大镜，但和困难拼搏一番，你会觉得，困难不过如此……”

学生们很庆幸，自己没有缩在教室里，在那个风雪交加的时刻、在那个空旷的操场上，他们学到了人生重要的一课。

【心灵悟语】

一位哲人说过：“一个人绝对不可在遇到困难时，背过身去试图逃避。若是这样做，只会使困难加倍。相反，如果面对它毫不退缩，困难便会减半。”在人生的旅途上，遇到各种各样的困难是在所难免的。面对困难，是想方设法战胜它，还是绕道走？勇敢者的选择只能是前者。因为只有勇敢地战胜困难，我们的人生才有意义，我们的事业才能成功。

在人生的道路上，难免会遇到这样或那样的困难与失败、挫折与痛苦，我们要培养承受挫折的健康心理和坚强的意志，掌握有效的战胜困难与失败、挫折与痛苦的方法，迎难而上，开拓进取。

摔不碎的玻璃杯

凡是天性刚强的人，必定有自强不息的力量。

——罗曼·罗兰

有一个农民，初中只读了两年，家里就没钱继续供他上学了。他辍学回家，帮父亲耕种三亩薄田。在他79岁时，父亲去世了，家庭的重担全部压在了他的肩上。他要照顾身体不好的母亲，还有一位瘫痪在床的祖母。

20世纪80年代，农田承包到户。他把一块水洼挖成池塘，想养鱼。但乡里的干部告诉他，水田不能养鱼，只能种庄稼，他只好又把水塘填平。这件事成了一个笑话，在别人的眼里，他是一个想发财但又非常愚蠢的人。

听说养鸡能赚钱，他向亲戚借了500元钱，养起了鸡。但是一场洪水后，鸡得了鸡瘟，几天内全部死光。500元对别人来说可能不算什么，但对一个只靠三亩薄田生活的家庭而言，是天文数字。他的母亲受不了这个刺激，竟然抑郁而死。他后来酿过酒、捕过鱼，甚至还在石矿的悬崖上帮人打过炮眼……可都没有赚到钱。

35岁的时候，他还没有娶到媳妇。即使是离异的有孩子的女人也看不上他。因为他只有一间土屋，随时有可能在一场大雨后倒塌。娶不上老婆的男人，在农村是没有人看得起的。

但他还想搏一搏，就四处借钱买了一辆手扶拖拉机。不料，上路不到半个月，这辆拖拉机就载着他冲入一条河里。他断了一条腿，成了瘸子。那台拖拉机被人捞起来，已经支离破碎，他只能拆开它，把它当作废铁卖了。

几乎所有的人都说他这辈子完了。

后来他却成了城市里一家公司的老总，手中有两亿元的资产。现在，许多人都知道他苦难的过去和富有传奇色彩的创业经历。许多媒体采访过他，许多报告文学描述过他。在一次访谈中记者和他有这样一次对话。

记者问他：“在苦难的日子里，你凭什么一次又一次毫不退缩？”

他坐在宽大豪华的办公桌后面，喝完了手里的一杯水。然后，他把玻璃杯子握在手里，反问记者：“如果我松手，这只杯子会怎样？”

记者说：“摔在地上，碎了。”

“那我们试试看。”他说。

他手一松，杯子掉到地上发出清脆的声音，但并没有破碎，而是完好无损。他说：“即使有10个人在场，他们都会认为这只杯子必碎无疑。但是，这只杯子不是普通的玻璃杯，而是用玻璃钢制作的。”

这是一段经典的对话。这样的人，即使只有一口气，也会努力去拉住成功的手，除非上苍夺去了他的生命。

【心灵悟语】

人生旅途不可能一帆风顺，我们常会遇到许多意想不到的困难和挫折，艰难险阻是人生对我们另一种形式的馈赠，困难挫折也是对我们意志的磨炼和考验。面对人生劫难，我们要勇敢地去面对，从挫折中汲取教训，把劫难当作迈向成功的垫脚石。

逆境并非绝境，人生虽非尽是坦途在前，但也绝不可因一点小障碍而放弃走路。要知道障碍过后，路会一点点变得平坦起来，只有具备面对困难百折不回、遇到挫折坚持不懈的精神的人，才有可能登上成功的巅峰。

打开另一扇门

伟大人物的最明显的标志，就是他坚强的意志，不管环境恶劣到何种地步，他的初衷与希望仍不会有丝毫的改变，并能终于克服障碍，达到期望的目的。

——爱迪生

1967年夏天，美国跳水运动员乔妮·埃里克森在一次跳水事故中，身负重伤，全身瘫痪。

乔妮哭了，她怎么也摆脱不了那场噩梦。为什么跳板会滑？为什么她会恰好在那时跳下？不论家里人怎样劝慰她，亲戚朋友们如何安慰她，她总认为命运对她实在不公。出院后，她叫家人把她推到跳水池旁。她注视着那碧蓝晶莹的水波，仰望那高高的跳台。她，再也不能站立在那洁白的跳板上了，那碧蓝晶莹的水波再也不会溅起朵朵美丽的水花拥抱她了。她又哭了起来。从此她被迫结束了自己的跳水生涯，离开了那条通向跳水冠军领奖台的路。

她曾经绝望过。后来，她拒绝了死神的召唤，开始冷静思索人生的意义和生命的价值。

她借来许多介绍人如何成才的书籍，一本一本认真地读了起来。她虽然双目健全，但读书也是很艰难的，只能靠嘴衔根小竹片去翻书，劳累、伤痛常常迫使她停下来。休息片刻后，她又坚持读下去。通过大量的阅读，她终于领悟到：许多人残疾后，却在另外一条道路上获得了成功，他们有的成了作家，有的创造了盲文，有的创造出美妙的音乐，她为什么不能？于是，她想到了自己中学时代曾喜欢画画。她为什么不能在画画上有所成就呢？这位纤弱的姑娘变得坚强起来了，变得自信起来了。她捡起了中学时代曾经用过的画笔，用嘴衔着，练习起来。

这是一个多么艰辛的过程啊！用嘴画画，她的家人连听也未曾听说过。他们怕她不成功而伤心，纷纷劝阻她："乔妮，别那么死心眼了，哪有用嘴画画的？我们会养活你的。"可是，他们的话反而激起了她学画的决心，"我怎么能让家人一辈子养活我呢？"她更加刻苦了，常常累得头晕目眩，汗水把双眼弄得又辣又疼，甚至有时委屈的泪水把画纸也淋湿了。

为了积累素材，她还常常乘车外出，拜访艺术大师。好些年头过去了，她的辛勤劳动没有白费，她的一幅风景油画在一次画展上展出后，得到了美术界的好评。

不知为什么，乔妮又想到要学写作。她的家人及朋友们都劝她："乔妮，你绘画已经很不错了，还学什么写作？那会更苦了你自己的。"她是那么倔强、自信，她没有说话，她想起一家刊物曾向她约稿，要她谈谈自己学绘画的经过和感受，她用了很大力气，可稿子还是没有写成。这件事对她刺激太大了，她深感自己写作水平差，必须一步一个脚印地去学习。

这是一条满是荆棘的路，可是她仿佛看到艺术的桂冠在前面熠熠闪光，等待她去摘取。

是的，这是一个很美的梦，乔妮要圆这个梦。终于，又经过许多艰辛的岁月，这个美丽的梦终于成了现实。1976年，她的自传《乔妮》出版了，轰动了文坛，她收到了数以万计的热情洋溢的信。两年后，她的《再前进一步》一书又问世了，该书以作者的亲身经历，告诉残疾人，应该怎样战胜病痛，立志成才。后来，这本书被搬上了银幕，影片的主角就是由她自己扮演，她成了青年们的偶像，成了千千万万个青年自强不息、奋进不止的榜样。

【心灵悟语】

每个人都会遇到不幸，甚至是灾难，但是不幸和灾难本身并不可怕，可怕的是有很多人在不幸中变得悲观沮丧、冷漠、偏执、不信任人，天天以泪洗面，觉得全世界人都对不起自己。如果因小小的沮丧而流泪，扩大自己的不幸，那样你就会真的不幸了。

没有人一生是一帆风顺的，任何一个人随时都会遇到逆境。当风起云涌时，我们需要直面它，生命的羽翼会在一次次与困难、挫折的抗争中丰满起来。不经历风雨，怎么见彩虹？只有饱尝风雨中的痛，才能享受雨过天晴的喜悦。正是这曲折的人生风景线，才使得生命更充实，更有意义；正是这种逆境中的抗争，创造了无数的成功和奇迹。

战胜弱点小贴士：如何做一个意志坚强的人

1. 强化正确的动机

斯大林说，伟大的目的产生伟大的毅力，崇高的人生目的激发出坚韧的毅力。因此，我们要明确生活的目的，树立生活的理想，使自己心目中有努力的方向。这样才能克服重重困难，达到目的。但是必须注意目标的设立必须恰当，不能太难，目标太难达到，就会打击信心；但也不能太容易，太容易则失去了意义。

2. 从小事做起

生活一再昭示，人皆可以有毅力，人皆可以锻炼毅力，毅力与克服困难相伴相生。克服困难的过程，也就是培养、增强毅力的过程。毅力不强的人，往往能克服小困难，而不能克服大困难；但是，克服小困难的过程也能使人积累应对大困难的毅力。小事情有很多，该从哪些小事情做起？有的人好睡懒觉，那不妨来个睁眼就起；有的人“今日事，拖明天”，那就把“今日事，今日毕”作为座右铭；有的人碰到书就想打瞌睡，那就每天强迫自己读一小时的书，不读完就不睡觉，只要天天强迫自己坐在书本面前，习惯总会形成，毅力也就油然而生。人是需要从自己做起的，因为人有惰性。克服惰性需要毅力。任何惰性都是相通的，任何意志性的行动也是共生的。事物从来相辅相成，此长彼消。从小事情做起就可以培养大毅力，其道理就在其中。

3. 坚持体育锻炼

体育锻炼不仅使你有健康的身体、充沛的精力，还能培养你的意志力。例如，每天早晨坚持跑步。强迫自己在每天固定的时间起床，然后到户外慢跑几公里，无论刮风下雨，酷暑严寒，都要坚持跑下去。长期而艰苦的体育锻炼，定能使你具备不怕苦、不怕难、知难而进，始终如一的意志品质。

4. 承受挫折

没有困难，就没有意志。只有经历不断的挫折考验，不断地增强耐挫力，我们的意志才会提高。挫折并不可怕，可怕的是被挫折打倒。人生遭遇挫折是在所难免的，关键在于我们怎么去看待它。遇到挫折时，该做的不是伤心落泪而是尽可能地调节自己的情绪，认真分析原因，在挫折中吸取教训。

不要爱慕虚荣：看淡名利，才能不慕虚荣

虚荣的恶果

这是一个奇怪的、虚荣心十足的、令人生厌的女人！我看我实在无法喜

欢她，除非是在汪洋大海中的一只木筏上，见不到其他粮食的时候。

——马克·吐温

芳的丈夫在一所小学教书，挣的钱虽然不多，但是脾气特别好，做什么事都让着她。但是，在婚后的一年里，他们出现了一些经济上的问题。那时，芳所在的工厂效益不好，工人拿不到比较高的工资，而她丈夫的工资也很低，家里的生活很寒酸，芳自己也没几件像样的衣服。看着别的姐妹嫁了有钱的丈夫，天天穿金戴银，心里就特别不好受，特别是那次她的生日，丈夫一样礼物都没买给她，芳当时气极了，跟他大吵了一架，骂他没本事、窝囊、不会挣钱、不懂得爱妻子。他听了她的抱怨后，一句话也不说，只是唉声叹气，坐在沙发上默默地一根又一根吸着烟。

之后，芳越看丈夫越不顺眼，经常为了一些鸡毛蒜皮的小事和他争吵。但每次吵过后，都是他在对她说对不起，无论她怎样无理取闹，他也从不反驳。可有时芳实在是太过分了，说出一些难听的话伤了他的自尊，丈夫虽然很生气，想出手打她，可最终还是舍不得下手，在他最愤怒的时候也只是用拳头敲打墙壁或者是长时间的沉默。

他们就这样平静地过了两年，日子久了，芳越来越感到生活无味了。说真的，他从来没给她买过一样像样的礼物，虽然口口声声说爱着她，可芳已经厌烦了这种爱情，甚至有时根本就不相信他的爱，只觉得他窝囊，不会赚钱，和他生活在一起，芳感到太累了。

就在那时，一个有钱的男人辉走进了她的生活。那个男人天天夸她长得漂亮，在她面前说尽了好听的甜言蜜语，并且不停地给她买各式各样的漂亮衣服、高贵的首饰、各种高档的化妆品和香水，追求她，要她嫁给他。面对这个如此有钱的浪漫男人，虽然他比自己大了十岁，芳还是不加考虑地就投入了辉的怀抱。

一切都顺理成章，芳和丈夫离婚了。那真是一个少见的老实男人，对她的移情别恋和冷酷，他还是没有舍得骂她，只留下那么一句：“你要好好保重自己，我希望你幸福。”当时的芳听了也并没有多少感动，头也不回地就走了。她以为离开了那个没本事的男人，嫁给有钱的辉，才是她的明智选择，才是她一生的幸福所在。

辉的确很有本事，他给她吃好的，穿好的，可唯独就是少了那一份怜爱。他在外面的情人很多，每天陪她的时间少得可怜，芳感到很孤独，免不了要生气，但这个有钱的男人从不在乎她的感受。

一次，芳终于忍受不了辉的冷落和他吵了起来，可能是她的喋喋不休和数落惹火了辉，他毫不留情地动手打了她，之后扬长而去，到外面找他的旧情人去了……

之后，这样的事重演了好几次，每次被辉打了之后，她都以泪洗面。在这时，芳就会想起自己的前夫，想起他的种种好，到了这时，她才知道前夫以前的温柔和爱是多么珍贵，可她到底做了些什么？她把他对她的容忍和沉默看成是他的窝囊，她伤害了他，也害了自己。

芳再也不想和那个虚伪的男人生活下去了，他们终于离婚了。可是，当芳回到之前的家里时，看到的却是前夫在温柔地帮另一个女人梳理着她的头发，灯光下，淡淡的影子缠绵在一起。那一刻，芳唯有泪流满面。

芳什么也没有。就像那首熟悉的老歌所唱的那样：“有多少爱可以重来，有多少人值得等待？当懂得珍惜以后回来，却不知那份爱会不会还在。有多少爱可以重来，有多少人值得等待？当爱情历经桑海沧田，是否还有勇气去爱……”

【心灵悟语】

任何人都有追求快乐的权利。但是如果过于注重外在，为满足虚荣心而超出自己的能力范围，就得不偿失了。上例中的芳就是一个例子。追求华而不实的东西，你就会失去更多。

现实生活中，每个人或多或少都有点虚荣心。适度的虚荣心是促使人们积极上进的动力，但虚荣心过强，就会使人浮夸、不务实，盲目追求力所不及的事物，进而丧失生活的准则。

可笑的查理夫妇

虚荣心很难说是一种罪行，然而一切恶行都围绕虚荣心而生。

——本格森

爱慕虚荣的查理夫妇一直都向往一种自命不凡、高人一等的生活方式。

这天，夫妇二人去参加一个上层人士举办的酒会，在漫无边际的闲聊中，话题转到了莫扎特。

“一个绝对的音乐天才！才华横溢，无人能及！”有人简练地评价道。

加入这种对名人评头论足的讨论是查理夫人一生的梦想。于是，她不失时机却又故作轻描淡写地说道：“噢，莫扎特，我非常同意您的见解，我喜欢他这个人。也许你们不敢相信，今天早晨我还在21路车站和他聊了几句，他正要去音乐厅客串一场演出，上车之前他还礼貌地向我道了别，真是一个非常懂礼节的人。”

查理夫人的话音一落，周围顿时安静下来，大家都轻蔑地看着她。

查理觉得自己蒙受了巨大的耻辱，他走到查理夫人面前，略带愠怒地耳语道：“我们现在就走，快穿上你的外套，我们得赶快离开。”驾车回家途中，查理一言不发。

“查理，你是不是生气了？”查理夫人打破了沉默。

“噢，是吗？你终于注意到了？”查理用嘲讽的口吻说道，“你今天让我丢尽了面子！你看见莫扎特坐21路车去音乐厅了？你这个自以为是的傻瓜！谁都知道21路车根本就不路过音乐厅！”

【心灵悟语】

有时，人们为了自己可怜的虚荣心，通过炫耀、显示、卖弄等不正当的手段来获取荣誉与地位，但结果往往是弄巧成拙。虚荣心很强的人往往是华而不实的浮躁之人。

虚荣，是人生的一记暗伤。轻者，累及一时；重者，痛苦一生。太爱慕虚荣，不是自己为自己增光，而是自己给自己添堵。人生的痛苦大都是为了无意义的虚荣而遭受的苦难。为何不放下虚荣心，痛痛快快地活着呢？

名利于我如浮云

一个人光溜溜地到这个世界上来，最后光溜溜地离开这个世界，彻底想起来，名利是身外之物，只有尽一个人的心力，使社会上的人多得他工作的裨益，才是人生最愉快的事。

——邹韬奋

居里夫妇都是世界知名的科学家，居里夫人是世界上唯一两次获得诺贝尔奖的女科学家，但他们生活俭朴，不求名利。

居里夫妇在发现镭之后，世界各地的科学家纷纷来信祝贺，希望了解提炼镭的方法。

居里先生与居里夫人商量说：“我们必须在两种决定中选择一种。一种是毫无保留地说明我们的研究成果，包括提炼方法在内。”

居里夫人说：“是，当然如此。”

居里先生继续说：“第二个选择，是我们以镭的所有者和发明者自居，但是我们必须先取得提炼铀沥青矿技术的专利执照，并且确定我们在世界各地造镭业上应有的权利。”

取得专利代表着他们能因此获得巨额的金钱、舒适的生活，还可以传给子女一大笔遗产。

但是，居里夫人听后却说：“我们不能这么做。如果这样做，就违背了我们原来从事科学研究的初衷。”

她轻而易举地放弃了这唾手可得的名利。

从此，居里夫人一生获得各种奖章16枚，各种荣誉头衔117个，自己丝毫不以为意。

有一天，她的一位女性朋友来她家里做客，忽然看见她的小女儿正在玩弄英国皇家学会刚刚奖给她的一枚金质奖章。

朋友不禁大吃一惊，连忙问她说：“居里夫人，那枚奖章是你极高的荣誉，你怎么能给孩子拿去玩呢？”

居里夫人笑了笑说：“我是想让孩子从小就知道，荣誉就像玩具一样，只能玩玩而已，决不能永远守着它，否则就将一事无成。”

【心灵悟语】

在名利面前，人们常常表现出两种态度。一种是淡泊名利，另一种追逐名利。淡泊名利，不为名所困，不为利所图，不以物喜，不以己悲，是实现理想和达到事业顶峰的需要，更是人生的追求。它是一种境界，更是一种高尚的处事方法。

人生在世，对于名利一般人都是难以免俗的。今天的社会是五彩斑斓的，充溢着各种各样炫人耳目的名利诱惑，要做到淡泊名利确实是一件不容易的事情。但凡事都有个限度，一个人若将名利看得过重，势必会被卷入名利的旋涡，酿成一些不必要的悲剧。相反，人若能正视名利，成则闲看天上云卷云舒，荣则静观庭前花开花落，带一颗平和的心去面对世事浮华，往往会怡然自得。

战胜弱点小贴士：如何改正爱慕虚荣的弱点

1. 端正价值观与人生观

一个人的价值，不在于他的自我感觉，而在于其行为的社会意义。只要树立正确的人生观，正确理解权力、地位、荣誉的内涵和人格、自尊的真实意义，就不会通过不正当的手段来炫耀自己，就不会徒有虚名。

2. 把握攀比度

人是生活在比较之中的，要完全摆脱比较是不现实的。但过分比较往往是虚荣的起点，如比酷、比富、比吃、比穿、比用、比分数、比荣誉、比父母、比亲戚、比外表、比能力、比水平等，不管什么内容，比过了头，就可能走火入魔，追求虚名。要知道，横向地去跟他人比较，心理永远都无法平衡，会促使虚荣心越发强烈，一定要比，就跟自己的过去比，看看各方面有没有进步。

3. 尊重自己的人格

做人起码要诚实、正直，绝不能为了一时的心理满足，不惜出卖人格。只有把握住自尊与自重，才不至于在外界的干扰下失去人格。崇尚高尚的人格可以使虚荣心没有机会抬头。

4. 要有自知之明

自知之明包括对自己的长处和短处都有清晰的认识。过高估计自己，实际生活中达不到；过低估计自己，会给生活带来困扰。承认自己有这么多长处，坦白自己有这么多短处，实事求是地对待自己，虚荣心理的基础就会大大削弱，许多麻烦的事情就能避免。

不要贪得无厌：否则永远都不满足

人心不足蛇吞象

有些人因为贪婪，想得到更多的东西，却把现在所有的都失掉了。

——伊索

相传宋朝仁宗年间，在深泽某村，有一家只有母子二人，日子过得很苦。母亲年迈多病，不能干活，儿子叫王妄，三十岁了还没讨上老婆，靠卖草来维持生活。

有一天，王妄照旧到村北去拔草，拔着拔着，发现草丛里有一条七寸多长的花斑蛇，浑身是伤，动弹不得。王妄动了恻隐之心，小心翼翼地把它拿回了家，为它冲洗涂药。一会儿工夫，蛇便苏醒了，冲着王妄点了点头，表达它的感激之情。母子俩见状非常高兴，赶忙为它编了一个小荆篓，小心地把蛇放了进去，从此母子俩精心护理，蛇伤逐渐痊愈，蛇也长大了，而且总像是要跟他们说话似的，很可爱，母子俩单调寂寞的生活中增添了点儿小小的乐趣。日子一天天过去，王妄照样打草，母亲照样待在家，小蛇整天待在篓里。有一天，小蛇觉得闷在屋子里没意思，爬到院子里晒太阳，被阳光一照变得又粗又长，像根大梁，这情形被老娘看见了惊叫一声昏死过去。等王妄回来，蛇已回到屋里，恢复了原形，着急地说："我今天失礼了，把母亲给吓死过去了。不过别怕，你赶快从我身上取下三小块皮，再弄些野草，放在锅里煎熬成汤，让娘喝下去就会好。"王妄说："不行，这样会伤害你的身体，还是想别的办法吧！”花斑蛇催促地说：“不要紧，你快点儿，我能挺得住。”王妄只好流着眼泪照办了。母亲喝下汤后，很快苏醒过来，母子俩又感激又纳闷，可谁也没说什么。王妄再一回想每天晚上蛇篓里放金光的情形，更觉得这条蛇非同一般。

话说宋仁宗整天不理朝政，宫里的生活日复一日，没什么新花样，他觉得厌烦，想要一颗夜明珠玩玩，就张贴告示，谁能献上一颗，就封官受赏。这事传到王妄耳朵里，回家对蛇一说，蛇沉思了一会儿说：“这几年来你对我很好，而且有救命之恩，我总想报答，可一直没机会，现在总算能为你做点事了。实话告诉你，我的双眼就是两颗夜明珠，你将我的一只眼挖出来，献给皇帝，就可以升官发财，老母也就能安度晚年了。”王妄听后非常高兴，可他毕竟和蛇有了感情，不忍心下手，说：“那样做太残忍了，你会疼得受不了的。”蛇说：“不要紧，我能挺住。”于是，王妄挖了蛇的一只眼睛，第二天到京城，把宝珠献给民皇帝。满朝文武从没见过这么奇异的宝珠，赞不绝口，到了晚上，宝珠发出奇异的光彩，把整个宫廷照亮，皇帝非常高兴，封王妄为大官，并赏了他很多金银财宝。

宋仁宗看到宝珠后，很喜欢，西宫娘娘见了，也想要一颗。不得已，宋仁宗再次下令寻找宝珠，并说把丞相的位子留给第二个献宝的人，王妄想：“我把蛇的第二只眼睛弄来献上，那丞相不就是我的了吗？”于是他说自己还能找到一颗，宋仁宗很高兴地把丞相之位许给了他。可万没想到，王妄的卫士去取蛇的第二只眼睛时，蛇无论如何不给，非说见到王妄才行，王妄只好亲自来见蛇。蛇见了王妄直言劝道：“我为了报答你，已经献出了一只眼睛。你也升了官，发了财，就别再要我的第二只眼睛了。人不可贪心。”王妄早已官迷心窍，哪里还听得进去，无耻地说：“我不是想当丞相吗？你不给我怎么能当上呢？况且，这事我已跟皇上说了，官也给了我，你不给不好收场呀，你就成全了我吧！”他执意要取第二只眼睛，蛇见他变得这么贪心残忍，早气坏了，就说：“那好吧！你拿刀子去吧！不过，你要把我放到院子里去再取。”王妄早已等待不得，对蛇的话也不分析，一口答应，就把蛇放到了阳光照射的院子里，转向回屋取刀子，等他取出刀来剜宝珠时，蛇身已变得像大梁一般粗，蛇张着大口冲他喘气，王妄吓得魂都飞了，想跑已来不及。蛇一口就吞下了这个贪婪的人。

【心灵悟语】

从上面这个故事可以看出，人心不足蛇吞象不是一句空话。世间之人能知足就安乐，贪婪必定招来祸端。人生之祸大多是由于不知足而起的。

司马迁在《史记》中说：“欲而不知止，失其所以欲；有而不知足，失其所以有。”如果人的欲望没有限度，最后会什么欲望也不能满足；如果有了才还不知满足，最终都会失去原有的一切。所以说，如果不控制自己的欲望，成为欲望的奴隶，最终就会丧失自我，被欲望所控制。

欲望是无止境的

欲，人之常情，但须有度；若贪婪，终会自我毁灭。

——王连佐

在一片深海里，一只小鲨鱼长大了，开始和妈妈一起学习觅食，它逐渐学会了如何捕捉食物。妈妈对它说：“孩子，你长大了，应该离开我去独自生活。”鲨鱼是海底的王者，几乎没有任何生物能伤害，所以虽然妈妈不在小鲨鱼的身边，但还是很放心。它相信，儿子凭借着优秀的捕食本领，一定能生活得很好。

几个月后，鲨鱼妈妈在一个小海沟里见到了小鲨鱼，它被儿子吓了一跳。小鲨鱼所在的海沟食物来源很丰富，它就是被鱼群吸引到这里的，小鲨鱼在这里应该变得强壮起来，可是它看上去却好像营养不良，很疲惫。

究竟出了什么问题呢？鲨鱼妈妈想。它正要过去问小鲨鱼，却看见一群大马哈鱼游了过来，而小鲨鱼也来了精神，正准备捕食。

鲨鱼妈妈躲在一边，看着小鲨鱼隐蔽起来，等着马哈鱼到自己能够攻击到的范围。一条马哈鱼先游过来，已经游到了小鲨鱼的嘴边，也丝毫没有感觉到危险。鲨鱼妈妈想，这下儿子一闭嘴就可以美餐一顿，可是出乎它意料的是，儿子连动也没有动。

两条、三条、四条，越来越多的马哈鱼游近了，可是小鲨鱼却还是没有动，盯着远处剩下不多的马哈鱼，这个时候小鲨鱼急躁起来，凶狠地扑了过去，可是距离太远，马哈鱼们轻松摆脱了追击。

鲨鱼妈妈追上小鲨鱼问：“为什么不在马哈鱼在你嘴边的时候吃掉它们？”小鲨鱼说：“妈妈，你难道没有看到，我也许能得到更多。”

鲨鱼妈妈摇摇头说：“不是这样的，欲望是无法满足的，但机会却不是总有。贪婪不会让你得到更多，甚至连原来能得到的也会失去。”

【心灵悟语】

很多人痛苦的真正原因都是被无穷的欲望压得喘不过气来，成为欲望的奴隶，正所谓得陇望蜀。人性中的欲望与生俱来，沉湎于欲望而不能自拔者称之为贪婪。贪婪使人迷惑，在不自觉中丧失了理智，直到付出了沉重的代价，才发现为时已晚，让本来的一件好事成了遗憾的事情。

一个人有欲望，本来是一件好事，因为欲望可以是理想、愿望、目标，成为人奋斗的动力、成功的源泉。但“世上莫如人欲险”，欲望也可能是负担、累赘、陷阱。当一个人贪婪过度、欲壑难填、什么都想要、什么都想争的时候，欲望带给他的就不是满足和成就，而是灾难了。

贪婪的流浪汉

贪欲会破坏人们的心灵的纯洁，不幸的是你获得愈多，就愈贪婪，而且确实总感到不能满足自己。

——安格尔

有一个流浪汉在家里诚心地祈祷："万能的上帝啊，我只求你施舍我一些钱财吧，我只要一点点……"

这时候，上帝在流浪汉的身旁出现了，说道："好吧，我就让你发财吧，我会给你一个魔力的钱袋，这钱袋里永远都有一块金币，是拿不完的。但是，你要记住，在你觉得够了的时候，要把钱袋扔掉才可以开始花钱。"

果然，在流浪汉的身边出现了一个钱袋，里面装着一块金币。流浪汉把那块金币拿出来，里面又有一块。于是，流浪汉不断地往外拿金币。

到了第二天，他很饿，很想去买面包吃。但是，在他花钱以前，必须扔掉那个钱袋，但他舍不得扔掉。他又开始从钱袋里往外拿钱。每次当他想把钱扔掉时，总觉得钱不够多。他不吃不喝地拿，金币已经快堆满一屋子了。同时，他也变得又瘦又弱，头发全白了，脸色蜡黄。

他虚弱地说："我不能把钱袋扔掉，金币还在源源不断地出来啊！"终于，当他挣扎着用尽最后一点力气去拿钱袋中的金币时，他头一歪，饿死在成堆的金币旁。

【心灵悟语】

有贪婪心态的人总希望得到更多，他不知满足，结果命运让他失去一切，贪心只会愚弄自己。

这个世界有太多的诱惑，因此有太多的欲望，并随之有太多欲望满足不了的痛苦。我们要以清醒的心态、从容的步履走过人生的岁月，不要让贪婪填满我们的心田。要知道我们终生劳苦而获得的财富和我们所能享受到的世俗的欢乐都只是过眼云烟，只有无欲的心才能给我们以安慰。虚怀若谷方可无忧无虑，降低需求，才会远离烦忧。

战胜弱点小贴士：如何消除贪婪的弱点

1. 培养正确的人生观、价值观

改变故有思维和观念，不要以为世间万物都是为我所有，形成正确的价值观，杜绝贪婪的念头；将自己的追求升华到精神层面，做一个有理想、有道德、有情操的人，不要为物质所左右，利欲熏心，成了财富的奴隶，丧失了人格。

2. 知足常乐

一个人对生活的期望不能过高。虽然谁都会有些需求与欲望，但这要与本人的能力及社会条件相符合。每个人的生活有欢乐，也有痛苦，不能搞攀比，俗话说“人比人，气死人”“尺有所短，寸有所长”“家家都有本难念的经”。心理调适的最好办法就是做到知足常乐，“知足”便不会有非分之想，“常乐”就能保持心理平衡。

3. 节制欲望

有钱的人总希望钱再多些，有权的人总乞求地位再高些，有名的人总渴望名气再大些。人的欲望是永无止境的。节制欲望，也许你的生活会更快乐。

不要苛求完美：缺憾也是一种美丽

追求完美的老人

有许多可爱的女性，但没有完美无缺的女性。

——雨果

在一座城市里，来了一位老人。人们一看就知道他是来自他乡的旅人，因为他背着一个老旧残破的包袱，他的脸上布满了风尘，他的鞋子因为长期的行脚，裂了好几个破洞。

老人的外表虽然狼狈，却有着一双炯炯有神的双眼，不论是行走或躺卧，他总是仔细地、专注地观察着来来往往的人。

老人到底在寻找什么呢？

一个好奇的年轻人忍不住问他："您究竟在寻找什么呢？"

老人说："我像你们这个年纪的时候，就发誓要寻找到一个完美的女人，娶她为妻。于是我从自己的家乡开始寻找，走过一个城市又一个城市，一个村落又一个村落，但一直到现在都没有找到一个完美的女人。"

"您找了多久的时间呢？"年轻人问道。

"找了六十多年了。"老人说。

"难道六十多年都没有找到过完美的女人吗？会不会这个世界上根本就没有完美的女人呢？"

"有的！这个世界上真的有完美的女人，我在三十年前曾经找到过。"

老人斩钉截铁地说。

“那么，您为什么不娶她为妻呢？”

“在三十年前的一个清晨，我真的遇到一个最完美的女人。她的身体散发出非凡的光彩，就好像仙女下凡一般。她温柔而善解人意，她细腻而体贴，她善良而纯净，她天真而庄严，她……”

老人边说，边陷入回忆里。

年轻人更着急了：“那么，您为何不娶她为妻呢？”

老人忧伤地流下眼泪：“我立刻就向她求婚了，但是她不肯嫁给我。”

“为什么？为什么？”

“因为她也在寻找这个世界上最完美的男人呀！”

【心灵悟语】

俗话说：“金无足赤，人无完人。”人生确实有许多不完美之处，每个人都会有这样或那样的缺憾，真正完美的人是不存在的。虽然我们都想追求完美，但无人能做到真正的完美。一味地追求完美，只能给人生留下太多的烦恼和遗憾。一位哲人在日记中写道：“如果再给我一次生命，我不会再追求事事完美。只有自己确定了重点的人，才是一个能享受到生活快乐的人。因为快乐的人不是把一切都做得尽善尽美的人。”所以，我们只要心放宽一些，对自己不去苛求，对别人也不去苛求，生活就会减少许多的烦恼。

矮子的优势

我能坚持我的不完美，它是我生命的本质。

——法朗士

曾长期担任菲律宾外长的罗慕洛穿上鞋的身高只有1.63米。原先，他与其他人一样，为自己的身材而自惭形秽。年轻时，他也穿过高跟鞋，但这种方法始终令他不舒服，是精神上的不舒服。他感到自欺欺人，于是把鞋扔了。后来，在他的一生中，他的许多成就却与他的“矮”有关，也就是说，“矮”促使他成功。他甚至说出这样的话：“但愿我生生世世都做矮子。”

1935年，大多数的美国人尚不知道罗慕洛为何人。那时，他应邀到圣母大学接受荣誉学位，并且发表演讲。那天，高大的罗斯福总统也是演讲人，事后，他笑吟吟地怪罗慕洛“抢了美国总统的风头”。1945年，联合国创立会议在旧金山举行。罗慕洛以无足轻重的菲律宾代表团团长身份，应邀发表演说。讲台差不多和他一般高。等大家静下来，罗慕洛庄严地说出一句：“我们就把这个会场当作最后的战场吧。”全场顿时寂然，接着爆发出一阵掌声。最后，他以“维护尊严、言辞和思想比枪炮更有力量。唯一牢不可破的防线是互助互谅的防线”结束演讲时，全场响起了雷鸣般的掌声。后来，他分析道：如果大个子说这番话，听众可能客客气气地鼓一下掌，但菲律宾那时离独立还有一年，自己又是矮子，由他来说这番话，就有意想不到的效果。从那天起，菲律宾在联合国中就被各国当作具备资格的国家了。

由这件事，罗慕洛认为矮子比高个子有着天赋的优势。矮子起初总被人轻视，后来，有了表现，别人就觉得出乎意料，不由得佩服起来。在人们的心目中，成就格外出色，以致平常的事一经他手，似乎就成了石破惊天之举。

【心灵悟语】

世界永远存在缺陷，我们每个人也难免会有缺陷，关键在于我们如何去对待它。我们只有接受缺陷，才能够看到更完美的人生，我们要学会欣赏自己的不完美，学会利用缺陷，将它转化成成功的有利条件。正视缺陷，它将激发出我们更大的创造力和激情。

任何人和事都不可能尽善尽美，只有正确地看待自身的优缺点，才能扬长避短。要学会接纳自己，接纳自己的缺陷，真诚地喜欢自己，喜欢自己的不完美，喜欢自己的个性。你会发现你不仅拥有幸福的生活和美好的人生，而且还会获得更多的魅力。

国王建造园林

人的本能从未趋向完美与正确，它总是把人引向华而不实和虚伪的方向。

——亨·门肯

传说有一个国王，他的国家非常强盛。他的王妃美如天仙，倾城倾国，国王对她宠爱有加，整天醉心于爱情的世界里无力自拔。可是不久国王的宠妃得了急病，全国最好的医生也没能挽留住她的性命。国王悲痛欲绝，为示爱心，他为爱妃举行盛大葬礼，并把她的尸体装入水晶制的大棺材里，停放在距离王宫不远的大殿里，日日拜祭。然而，国王认为这里环境不佳，就在灵殿周围建了美丽的花园，以供香魂欢娱。后来又觉得这样还不能表示自己的爱意，想到美人如水，就又建了一个美轮美奂的人工湖，让香魂泛舟碧波。湖建好后，又觉得缺少点缀，于是又叫人在各处修建亭台楼阁。后来又请世界上最好的艺术家来制作精美的雕塑安放在各处，把史上最美好的诗篇铭刻在石头上。但是国王总是不满意这个园林，还想进一步完善它。就这样一直不断地扩充和完善，使之成为集天下艺术之大成的无与伦比的园林。一直扩建完善了四十年，国王老了，他还在苦苦思索，以求园林更完美。最后他把目光停在爱妃的棺材上，注视和沉思了良久，挥了挥手说："还是把它搬出这个园林吧。"

【心灵悟语】

这个国王的做法似乎很矛盾，他建造园林的目的是为了能让宠妃有栖身之地，而最后却因为过分追求完美而让宠妃搬出了园林。可见，追求绝对的完美，会让我们在做事的时候产生更多的遗憾，反而会偏离做事的本意。其实，在做一件事情的时候，只要方向是正确的，就没有必要过分计较表面上的瑕疵和缺憾。而且，绝对完美的事情实际上是不存在的。只要我们明白了这个道理，就不会犯下过分追求完美的错误。

战胜弱点小贴士：如何消除完美主义的弊病

1. 不要对自己过分苛刻

降低、放松对自己的要求。在充分了解自己的基础上为自己设置恰当的目标和要求，目标要符合自己的实际能力，不苛求自己，不被他人的要求左右。同时要学会试着降低对自己的要求，也要善待自己，原谅自己的过失和不足，接纳那个真实的有缺陷的自我，为自己营造一个宽松健康的心理环境，让自己活得更加轻松。

2. 不要对别人期望过高

不要期待你生活中重要的人都完美无缺。生活中有不少大发雷霆或紧张不安的情绪都是源起于他人的某些行为并未达到你的完美甚至苛刻的要求，这时其实是你把自己的完美主义强加给其他人。事情的关键在于没有人是完美的，包括你自己。因此，你有 什么理由期望别人是完美的呢?

3. 正确评估自己的能力

既不要把自己看得太高，也不必过于自卑。有一分热，发一分光。如果事事要求完美，这种心理本身就成了做事的障碍。不要在自己的短处上去与人竞争，而是要在自己长处上培养起自尊、自信和学习的兴趣。

4. 正确看待瑕疵

没有瑕疵的事物是不存在的，盲目地追求一个虚幻的境界只能是劳而无功。我们可以问一问自己：“我真的能做到尽善尽美吗？”既然不行，我们就应该尽快放弃这种想法。

不让心态消极：保持积极乐观的心态

琼斯的法宝

心态若改变，态度就跟着改变；态度改变，习惯就跟着改变；习惯改变，性格就跟着改变；性格改变，人生就跟着改变。

——马斯洛

当琼斯身体很健康时，他工作十分努力。他是个农夫，在美国威斯康星州经营一个小农场。他对自己的生活感到很满意，日子就这样年复一年地过着，直到突然间发生了一件事。晚年的琼斯患了全身麻痹症，卧床不起，几乎失去了生活能力，可他没有怨天尤人。是的，他的身体是麻痹了，但是他的心理并未受到影响。他能思考，他确实在思考，并做出了计划。有一天，正当他致力于思考和计划时，他认识了那个最重要的人（自己）和他的法宝（积极的心态），他做出了重大的决定。

琼斯积极的心态使他满怀希望，乐观向上，他把他的计划讲给家人听。

“我再不能用我的手劳动了，”他说，“所以我决定用我的心从事劳动。如果你们愿意的话，你们每个人都可以代替我的手、脚和身体。让我们把农场的每一亩可耕地都种上玉米。然后我们就养猪，用所收的玉米喂猪。在猪还很小、肉很嫩时，我们就把它们宰掉，做成香肠，然后包装起来，用一种品牌出售。我们可以在全国各地的零售店出售这种香肠。”他轻声笑了笑，接着说道，“这种香肠将像糕点一样出售。”

这种香肠确实像糕点一样出售了！几年后，“琼斯仔猪香肠”走进千家万户，成为都市最能引起人们胃口的一种食品。

琼斯在有生之年看到自己成为百万富翁，但他还取得了比财富更大的成就，那就是找到了“积极的心态”这个法宝。因此，他克服了生理上的重重障碍，成为有用的人。

【心灵悟语】

无论对我们的生活还是事业，心态都是至关重要的。如果你是一个能保持积极的心态、能掌握自己的思想并引导它为自己的生活目标服务的人，你就能够获得成功。不要让你的心态使你成为一个失败者，成功永远由那些抱有积极思维的人所取得，并由那些以积极的心态努力不懈的人所保持。

做一个积极的人

永远以积极乐观的心态去拓展自己和身外的世界。

——曾宪梓

1930年正值大萧条，可能是美国历史上经济最恶劣的时代。到处可见工厂倒闭，商店破产，成千上万的人失业，各行各业都一再减薪，免费餐店和发放面包的地方排起长龙。其中不少30岁以上的人过去是富人，但失业后根本找不到工作。

皮尔就是在这样一个秋天的下午，在第五大街见到老朋友弗雷德的。

“过得还好吗？”皮尔试探着问。

弗雷德穿着深蓝色的西装，老式西装磨出了一层油光，谁都能一眼看出那套西装穿了有多久了。他说话的口吻和过去一模一样，一点儿也没有改变。

“没有问题，我过得很好，请不用担心。失业很久当然是事实，只不过每天早晨都到城里各处找工作。这么大的城市一定有适合我的工作，只要耐心寻找，一定会找到的。”他说。

“你总是这样笑嘻嘻的吗？”皮尔问他。

他回答说：“这不是很合理吗？我记得在哪里读过，绷起脸来时要用60条肌肉，但笑的时候只要用14条肌肉。我不想绷起脸，过度使用肌肉。”

他谈起自己的人生观，他相信获得工作的强烈愿望必定能让他达到目的。

“我听过你引用的诗人约翰·巴罗所说的话，好像是‘属于你的一定会归你所有’。”

弗雷德的深厚的信仰和坚强的信念令皮尔十分佩服。

弗雷德继续说道：“我的信仰是我虔诚的父母培育的。我的家境虽然很贫穷，但母亲完全不在意，她常常说‘上帝会赐给我们食物’，一点都没有错，上帝一次也没有遗弃我的母亲。上帝应该也不会遗弃我的。”

他站在挤满了急于找工作的失业者的大街上，引用了《圣经》里的话说：“曾经年轻的我现在老了。可是我从来没有看到正义被遗弃、正义的子孙乞求面包的情形。不论多么困难我也这样相信，我的父母都教导我要相信，所以我始终怀着希望和信念。”

后来，弗雷德和一个具有发明才能的人共同创业，在新的领域中，弗雷德充满创意的构想获得了成功。在此之前他忍受了许多苦难，过着贫穷的生活，但他始终能坚守信念，终于获得极大的成就。他积极的生活态度，使认识他的人都对他充满敬佩。

【心灵悟语】

人生的成败，取决于多种因素，心态在其中起着重要的作用。心态分为两种：一种是积极的心态，一种是消极的心态。而积极与消极之间的距离可以说很小，小到只在一念之间，但后果的差异却是十分巨大的，这个差距就是成功与失败的差距。积极的心态会让你变得越来越优秀，越来越成功；消极的心态则会让你变得越来越颓废，越来越失败。

人生的方向是由态度来决定的，其好坏足以明确我们构筑的人生的优劣。一个人要想让自己生活得更好，首先你就得让自己的心态处在一种积极活跃的状态。积极的心态是人生的黄金定律，一个积极心态者常能心存光明远景，即使身陷困境，也能以愉悦和创造性的态度走出困境，迎向光明。

生活是美的

差不多任何一种处境——无论是好是坏——都受到我们对待处境的态度的影响。

——西尼加

阿尔·马丁内斯性情急躁，缺乏耐心。在生活中，如果他提出的要求得不到快速答复，就会大发雷霆。他办事从不超过规定期限，只要约定时间，决不迟到；在超级市场排队付款时，谁也别想在他前面插队。通过前面的介绍，你应该可以想象，当马丁内斯遇到一次交通阻塞时，可能会有怎样的反应了。

这件事发生在加利福尼亚州南部离马丁内斯家不远的一条盘山公路上。

一位年轻人在一个路障前拦住马丁内斯的车，告诉他大约要等半小时。

“为什么？”马丁内斯质问道。

“前面在挖沟铺水管。”年轻人回答。

“挖他的鬼沟！”马丁内斯叫道，挂上了一挡。

年轻人耸耸肩：“你会被挖掘机压烂的。”

他这一说使马丁内斯冷静了，心想：“他可能是对的。我虽不能确切知道挖掘机的威力，但我肯定不愿被这种东西压成肉饼。”

接下来的五分钟马丁内斯真感到难受，他一会儿翻翻公文包里的文件，一会儿听听收音机，一会儿又掏掏钱包。他打开汽车仪表板上的小柜，把里面的东西一股脑儿拿出来，又一件件放回去。他叹着气，眼望车窗外。

一辆辆车在马丁内斯的车后排起队来。司机们都下车了。对，下来走走也不错，总比待在车里强。

“今天早晨真美。”这是位老人，刚才一直坐在一辆旧货车里，这会儿和马丁内斯一起在路边闲逛。他上身穿件方格衬衫，下身穿一条细斜纹裤。

马丁内斯抬起头，望望四周。圣莫尼卡山被薄雾笼罩着，在蓝天的衬托下，呈现出条条银线。空气里带有一股秋天的清新气息。“是不错。”他说。

“下大雨时，瀑布就从那边流下来。”老人继续说，手指一处悬崖凹壁。马丁内斯模模糊糊记起曾见过瀑布从那悬崖边落下，溅起水花。当时自己一定是急着去什么地方路过那里，却无暇顾及美景。

一位小姐从车里钻出头，问道：“山里有小路吗？”

老人笑了：“多的是！我在山里生活了二十二年，还有好多小路没走过呢。”

马丁内斯又记起了州公园里一个凉快的地方。在一个能热昏人的夏日，他非常偶然地发现了那个地方。那里树荫覆盖，阳光经过过滤，已无灼热感。这使他感到以前从未有过的安宁。现在，每当想起那个地方，马丁内斯还总觉得不是真的。

“你看到小狼了吗？”一个穿西服戴领带的小伙子往前指着，想引起那位小姐的注意，“就在那儿！”

“我看见了。”那位小姐突然叫道。

小伙子很得意：“冬天就要来了，”他解释道：“狼可能在寻找食物过冬。”

“看好你的猫！”另一个妇女叫道。大家一下子都笑了。

被阻拦在这里的开车人沿着路边聚集在一起。一些人照起相来。等待竟变成了一项活动。这又使马丁内斯想起在邻里之间发生的事。

那是最近的一场水灾。路面被冲坏，电力中断。人们都从房子里出来聊天。一些人借着灯笼的光喝酒，并点起火堆做起饭来。

马丁内斯不由得想：“是什么使我们谈起话来？是什么使我们聚在一起，在狂风怒号和交通阻塞时形成了小联盟？我们彼此在一起的时间太少了。”

守护路障的年轻人用对讲机喊道：“好啦，路通了。”

马丁内斯看了看表，已经过去五十五分钟。他不敢相信自己竟能等这么长时间而不发疯。

一辆辆车的引擎发动了。马丁内斯看到那位年轻小姐递给穿西服戴领带的小伙子一张字条。或许有一天他们将一起在山上的小路上步行。

老人向马丁内斯招了招手，朝旧货车走去。

“嘿！”马丁内斯喊了一声。老人转过身。

“你说得对，”马丁内斯说，“今天早晨真美。”

【心灵悟语】

生活中，有很多烦恼和痛苦是很容易解决的，有些事只要你肯换个角度、换个心态，你会看到另外一番风景。所以，当我们遇到苦难挫折时，不妨把暂时的困难当作黎明前的黑暗。只要以积极的心态去观察，去思考，就会发现，事实远没有想象中的那样糟糕。换个角度去观察，世界会更美。

人总会遇到一些不如意的事情，而我们唯一能做的，便是改变我们自己的心态。只要拥有乐观的态度，总能找到快乐的理由。当你困惑时，打开心灵的另一扇窗，去换个角度看生命，生命是非常美好的，你也会因此而心情愉悦的。

战胜弱点小贴士：如何消除消极心态的影响

1. 从积极的方面看待人与事

我们生活的环境中和所接触的事物总是有两个方面：积极和消极。面对事物，多关注积极的一面，少在意消极的一面。凡事都有它的两面性，关注积极的一面，你就会看到希望或机会。希望和机会给你积极的暗示，你的心情自然会好，面对事物才会乐观向上。

2. 和乐观的人成为朋友

近朱者赤，近墨者黑。乐观的朋友会影响和带动你，和他一起乐观向上，积极进取。

3. 微笑时刻挂在脸上

你微笑的时候，大脑会传递给你快乐的信息。经常面带微笑，有益于树立乐观向上的心态。

4. 保持自信

自信是成功的前提，也是快乐的秘诀。唯有自信，才能在困难与挫折面前保持乐观，从而想办法战胜困难与挫折。

5. 自我激励

很多人在遭遇挫折或困难时，总对自己说：“真倒霉，这次完蛋了，糟糕透了，我太不幸了！”是不是事情真的有那么糟糕呢？也许不是，关键是自己的心态，他们对困难产生一种恐惧，并夸大后果。要相信，办法总比困难多。所以，永远都不要对自己说“我不行”“我不能”“我不会”“我干不好”“我会失败”等。我们应该用积极的暗示鼓励自己，要经常对自己说“我是最好的”“我是最棒的”。遇到困难时告诉自己“没什么大不了的，一切都会过去”；失败时，对自己说“我依然是我，明天又是新的一天”。再有，当我们情绪低落时，不妨对着镜子微笑，并对自己说：“没事，这只是一个小考验。相信自己，加油！加油！”

不要盲目攀比：这只会让人迷失自己

不做无谓的比较

生活之累，一半源于生存，一半源于攀比。

——佚名

陈颖出生在农村，从小家庭生活贫困，连高中都是靠她在假期打工和亲朋的资助才得以读完，读大学的时候她更是同时兼了三份勤工俭学的工作。大学毕业之后，她找到了一份不错的工作，几年后，她买了一套小房子，还贷款买了一辆车，上下班再也不用挤公交车，节假日还可开着车外出兜风，惬意极了。

本来，对于一个出身贫寒的女人来说，这样的生活足以让她满足了。但是一次大学同学聚会改变了陈颖的生活。在聚会上，让陈颖感到意外的是，她的几个同窗好友不知为什么这么幸运，居然收入都比她高。她曾经的闺中密友小颜嫁了个地产商，钱多得用不完。了解到她们的情况后，陈颖心里感到很失落。她再看自己的工作，也觉得越来越不如意了。她认为自己的工作最辛苦，拿的钱少。有些老员工水平不高，但是他们的薪水都比她还高。以前她还没意识到这个问题。现在她是吃饭不香，工作没劲，睡不着觉，她感觉自己的生活越来越没意思了。

其实，陈颖的烦恼来自于她跟同学的比较，导致目标迷乱，失去自我。我们常常说，一个明智的人不要盲目和别人比较，要和自己比较，和自己的昨天比较，这样才能感受到幸福。

一天，一个面容憔悴的女人走进了一家心理诊所，一进门她就喋喋不休地抱怨自己如何不幸，丈夫离她而去了，工作也搞得一塌糊涂，刚刚上中学的孩子也不愿回家陪陪她，又因炒股而欠了一大笔债务……总之，与别的女人相比，她要活不下去了。

心理医生问她："你丈夫为什么离开了你？""我也没说什么，只说邻居家小张很能干，又开了一家餐厅，而且生意红火得不得了。而相比之下，我丈夫是个笨蛋，连一个蛋糕房都弄不好，还要赔本。""你的孩子们怎么样呢？""他们更可恶，每次考试都是60多分，害得我每次家长会都很没面子。""那你为什么要炒股？"心理医生继续问道。"那是因为邻居张太太炒股赚了一大笔，她的那个奥迪A8就是炒股赚的，她行，为什么我不行？"

心理医生问完这些问题后，并没有说什么，而是给她讲了一个有关乡下老鼠和城市老鼠的故事。城市老鼠和乡下老鼠是好朋友。有一天，乡下老鼠写了一封信给城市老鼠，邀请它到家里来玩。城市老鼠接到信后，高兴得不得了，立刻动身前往乡下。到了乡下，乡下老鼠拿出很多玉米和小麦，放在城市老鼠面前，城市老鼠不以为然地说："你怎么能够老是过这种清贫的生活呢？还是到我家玩吧，我会好好招待你的。"

于是，乡下老鼠就跟着城市老鼠进城了。乡下老鼠看到那么多豪华干净的房子，非常羡慕，想到自己在乡下从早到晚，都在农田上奔跑，以玉米和小麦为食物，冬天还要不停地在那寒冷的雪地上搜集粮食，夏天累得满身大汗，和城市老鼠比起来，自己实在太不幸了。

它们在一起玩儿了一会儿，就爬到餐桌上开始享受美味的食物。突然，“砰”的一声，门开了，有人走了进来，它们吓了一跳，飞也似的躲进墙角的洞里。乡下老鼠对城市老鼠说：“乡下平静的生活，还是比较适合我。这里虽然有豪华的房子和美味的食物，但每天都紧张兮兮的，倒不如回乡下吃玉米过得快活。”说罢，乡下老鼠就离开都市回乡下去了。

听完了这个故事，那位太太若有所思地问心理医生：“那你的意思是说，我就什么都不去想，什么都不去做，任生活就这样糟糕下去？”“当然不是，你应该在发火前，多想想这样的故事，然后再想别的办法去解决你面临的问题。记住，我是说真正的问题，而不是在与别人比较出来那些所谓的‘问题’。”听了心理医生的解释，这个女人终于明白了心理医生暗指的意思，她的脸上呈现出愉快的表情。

【心灵悟语】

俗话说：“人比人气死人。”人生最悲哀的事情就是拿自己的处境和别人作比较。攀比不是罪过，但攀比心太强必然烦恼丛生。跟在别人后面亦步亦趋，在越来越让人眼花缭乱的欲望对象面前患得患失，将永远也体会不到人生最值得珍视的内心的和平。

其实，如果你真的要攀比，有一件非常简单的事你能做：那就是与那些不如你的人、比你更穷、房子更小、车子更破的人相比，你的幸福感就会增加。可问题是许多人总是做相反的事，他们老在与比他们强的人比，就会生出很大的挫折感，会焦虑，觉得自己不幸福。所以，我们要学会知足。无论贫或富，我们都不必和别人攀比，不必奢求荣华富贵、锦衣玉食。只要过好自己的日子，感悟生活的真谛，享受生活带来的快乐，你就会感到无比幸福。

做个知足的人

也许人就是这样，拥有的东西不知道欣赏，没有的东西又一味追求。

——海伦·凯勒

雯雯去一个朋友家玩，朋友家很有钱，住的是三层的别墅。雯雯第一次进朋友家的时候以为是在拍电视剧，因为别墅又大又豪华。雯雯一个人住好大一间房，床是自己梦寐以求的那种超大超软的欧式床，那一刻雯雯觉得真是羡慕极了。到了晚上，雯雯睡不着，她想应该是自己太兴奋了，可脑海中却想念起了家里的老公和家中的那张不大的床。

很快一周就过去了，雯雯向朋友道别后离开。到了家，雯雯做的第一件事就是直奔卧室，一下把自己"扔"上床。老公进来，说："你怎么啦，坐火车坐累了？""一点儿不累，老公，你知道我在朋友家睡觉时最想什么吗？""肯定是我呗！"老公一脸得意。"瞧你多自恋，我最想我们家这张床。睡来睡去，还是咱家这床最舒服！"

听完这句话，老公笑了："所以说啊，金窝银窝不如自家的狗窝，我也是这么感觉的。"雯雯躺在床上，眼睛盯着天花板说道："虽然我们的床不大，也没有那么软，但因为它是我们共同的床，是我们共同的窝，所以我觉得睡在上面是最舒适的。虽然我们的家还不到80平方米，但我却觉得这是世界上最温暖的地方。因为有你，所以幸福和快乐会溢满小屋；因为有你，我睡觉才总是那么香甜；因为有你，我总是一下班就马上赶回家；因为有你，哪怕屋子再小，我都觉得幸福、安稳、踏实；因为有你，不管我去到哪儿总是恋着我们这张一米五的小床。"

老公听后特别感动："老婆放心，我会让你过上好日子的，我总有一天一定会给你买200平方米的大房子。"

雯雯摇摇头说："房子不重要，只要和你在一起，住什么房子我都满意。记得刚结婚我们住的那间老房子，里面的瓶瓶罐罐都是我怀念的；后来我们搬新房，也才40多平方米，但里面却有我们许多欢笑；再后来我们一起上班，一起住在公司那间小屋里，每天我们一起做饭，多美好啊；去年我们买了这间新房，我一样觉得是最舒服、最温馨的。其实不是看房子有多大、有多豪华，而是看和谁住在一起。"

老公听后，抱紧雯雯，轻声地说了句："老婆……"里面饱含的是感激和深情。

【心灵悟语】

生活中，有一些人总是羡慕别人的生活，羡慕别人美丽的容颜，羡慕别人巨大的财富……其实，他们忽略了自己拥有的一切，安定的工作、和睦的家庭、健康的身体、知心的朋友，而这些也是别人梦寐以求的。所以别让这种美好的生活从身边悄然溜掉，请珍惜你已经拥有的快乐和幸福，学着做个知足幸福的人。

生活幸福的人未必比别人更富有、更健康、更美貌，却一定能安然接受"并不比别人更好"的自己，因此并不强迫自己处处与人比个高低，才能感到生活的幸福。

莱恩的理想

不要拿"他人"的标准衡量自己，因为你不是他人，也永远达不到他人的标准。"他们"同样达到不到你的标准——也不想达到。一旦你明白、接受和相信这个简单明了的道理，你的自卑感就会消失了。

——马克斯威·马尔兹

在莱茵河畔，一位青年正垂头丧气地来回走动着，他心烦意乱，真想跳进河里一死了之。

可他又舍不得这个世界，正在犹豫不决时，一位牧师经过他的身边，停下来问道："小伙子，你有心事吗？"

青年深深地叹了口气说："我叫莱恩，年近30一事无成，不名一文，家里还有个叫人看了就恶心的黄脸婆，这样的日子我真受够了。"牧师听了微笑着问道："莱恩先生，那么你的理想是什么呢？说出来，看看我能不能帮你实现。"莱恩说："我曾经有三个理想：财富、权力和美女。"牧师笑着说："莱恩，这很容易，你跟我来吧！"说完，牧师转身就走。莱恩大喜过望，紧紧跟在后边。

牧师领着莱恩先来到世界超级富翁怀特的豪宅，只见他正躺在床上大声咳嗽，脸色蜡黄，面前的金盆里是他刚吐过的带血丝的痰。牧师转身对莱恩说："怀特先生不惜牺牲自己的健康追求财富，为了得到财富，他付出了超负荷的精力，结果财富得到了，他却累倒了。他还不知道自己的三个儿子正祈祷他早日升天，好继承遗产呢。"

牧师说着，领着莱恩来到另一个房间，只见怀特的三个儿子正在和几位漂亮小姐喝酒，一副声色犬马的样子。莱恩看了十分恶心，不由掉转身子。牧师对莱恩说："我们再去拜访一下议长斯皮尔吧！"

两人又来到斯皮尔的官邸，只见他身边围着几个人，显然是保镖。斯皮尔吃饭，保镖先尝；斯皮尔睡觉，保镖都瞪大了眼睛盯着他；就连斯皮尔上厕所，他们也在马桶旁蹲着。牧师对莱恩说："斯皮尔的政敌很多，稍不注意就要遭到黑手，他就是上街散步，保镖都寸步不离。"莱恩叹了口气，失望地说："那他和蹲监狱有什么两样？"牧师无奈地摇摇头说："我们再去看看当代最红、最性感的女明星布蕾丝吧。"说着，他领着莱恩来到布蕾丝的家里。

布蕾丝正冲一位菲律宾用人大发脾气，她甚至拿起手里的烟头朝用人身上按，用人的皮肤很快起了泡，用人硬挺着，不敢呻吟。牧师悄悄对莱恩说："如果他发出惨叫的话，将招致更严厉的惩罚。"布蕾丝折磨完用人，要回房睡觉了，这时一个女佣走进来对她说："小姐，伯格先生求见。"布蕾丝眼皮也不抬地吩咐道："叫他给我滚出去，今天我已经和他离婚了，与他什么关系也没有了。"用人小心地答应着要退出去，布蕾丝又说："顺便带个信儿给他，明天我就要和我的第12任丈夫结婚了，他有兴趣的话，可以来参加我们的婚礼。"说完，"砰"的一声关上了房门。

莱恩看得目瞪口呆。从布蕾丝家出来后，牧师问莱恩："小伙子，三个理想，你随便挑一个，我都可以替你实现。"莱恩想了一会儿，说："不，牧师，其实我什么也不缺，与怀特先生相比，我有他所有金钱都买不来的健康；与斯皮尔先生相比，我有他没有的自由；至于布蕾丝嘛，我老婆可比她贤淑善良多了……"牧师满意地伸出手来和莱恩相握，莱恩满脸笑意，一抹温暖的阳光洒在他们的身上。

【心灵悟语】

无比较，则心安乐。我们常禁不住羡慕别人光鲜华丽的外表，对自己的欠缺耿耿于怀，难免感叹："我什么时候能像他那样就好了！"其实他们并不像你想象的那么好。有人薪金丰厚，却因劳累过度而患病；有人才貌双全，却找不到一份真爱；有人家财万贯，子孙却不孝……其实，每个生命都有欠缺，所以你不需要和别人比较，更不必为此生气。别人有比你好的地方，你也有比别人幸运的地方。不再与人作无谓的比较，反而更能珍惜自己所拥有的一切。

战胜弱点小贴士：如何改正过度攀比的弱点

1．多寻同伴，少找对手

有的人心理不平衡，完全是因为处处与人竞争，常常迫使自己经常处于紧张状态。其实，人之相处以和为贵，在心理上不要把别人看成对手。每个人头上都有自己的一片天空，人不一定要和别人活得一样。自己过得轻松，就是最大的福气。

2．认识自我价值

自我价值的实现不能脱离社会现实的需要，我们必须把对自身价值的认识建立在社会责任感上。不要陷在自我的小圈子里，要有比较远大的梦想和精神追求，同时要用高雅的生活情趣和丰富多彩的业余生活充实自己。

3．与自己做比较

用“与自己做比较”的好习惯取代“人比人”的坏习惯。你可以把注意力放在自己成长了多少、取得了哪些成就、在追随目标的路途上取得了哪些进步，当你在审视自己所取得的进步、克服的困难和做的好事之时，这个习惯能激发你的感激、欣赏、仁爱之心。这样你的思维就能慢慢地从“与别人做比较”转移到并自动地聚焦在“与自己做比较”上。

4. 知足常乐

有些人心理不平衡，完全是因为自己的目标太多，处处与人竞争，常常迫使自己处于紧张状态。要常常告诫自己知足常乐。

5. 保持平常心

喜爱攀比的人，自尊心总是很强，习惯把目标定得很高，但是这往往是不切实际的，正所谓“理想很丰满，现实很骨感”。对自己的期盼值太高，就会时时刻刻给自己带来种种烦恼。

第五章　战胜习惯弱点，成功便近在眼前

不要过于依赖：这让你难以自立

去医院看病

路要靠自己去走，才能越走越宽。

——居里夫人

作家毕淑敏曾经做过许多年医生。为了让儿子学会看病，她忍着内心的折磨，坚持让儿子独自去医院看病。有一次，在儿子感冒发烧的时候，狠了狠心，让儿子自己去医院看病。她在《教你生病》一文中，记述了当时的经过：

“你都这么大了，你得学会生病。”我说。“生病还得学吗？我这不是已经病了吗？”他大吃一惊。“我的意思是你必须学会生病以后怎么办。”我说。

“我早就知道生病以后怎么办，找你。”他成竹在胸。“假如我不在呢？”“那我就打电话找你。”“假如……你最终找不到我呢？”

“那我就……就找我爸。”也许这样逼问一个生病的男孩是一种残忍。但我知道总有一天他必须独立面对疾病。既然我是母亲，就应该及早教会他生病。

“假如你最终也找不到你爸呢？”“那我就忍着。你们早晚都会回家。”儿子说。“有些病是不能忍的，早一分钟是一分钟。得了病以后，最应该做的事是上医院。”“妈妈，你的意思是让我今天独自到医院去看病？”虽然在病中，男孩依然聪明。“正是。”我咬咬牙，生怕自己会改变注意。“那好吧……”他扶着脑门说，不知是虚弱还是在思考。“你到外面去‘打的’，然后到医院。先挂号，记住，买一个本……”我说。“什么本？”他不解。“就是病历本。然后到内科，先到分号台，护士让你到几号诊室你就到几号，坐在门口等。量体温的时候不要把人家的体温表打碎。叫你化验你就到化验室去，先划价，后交费。等化验结果的时候要竖起耳朵听，不要叫到你的名字没听清……”我喋喋不休地指教着。“妈妈，你不要说了。”儿子沙哑着嗓子说。

儿子摇摇晃晃地走了。我内心里经历了一个艰难的过程，我后悔、责怪自己，忍耐着时间慢慢地向前滑动。

终于，走廊上响起了熟悉的脚步声，只是较平日有些拖沓。我立刻开了门，倚在门上。“我已经学会了看病。打了退烧针，现在我已经好多了。真是件麻烦的事。不过，也没有什么。”儿子骄傲地宣布，又补充说：“你让我记的那张纸，有的地方顺序不对。”看着他，勇气又渐渐回到心里。我知道自己将要不断磨炼他，在这个过程中，也磨炼自己。

【心灵悟语】

在成长的过程中，有一样东西是必不可少的——那就是独立。只有自立才有可能让我们成长得更好，只有自立才有可能让我们生存下去。

人只要活着，他的前途就永远取决于自己，成功与失败，都只系于自己身上。将希望寄托于他人的帮助，便会形成惰性，失去独立思考和行动的能力，将希望寄托于某种强大的外力上，意志力就会被无情地吞噬掉。

在成长之路上，我们必须学会独立。依赖的心理容易让我们成为温室里的花朵，经不起风吹雨打，在逆境中，我们很容易就被击垮。真实人生的风风雨雨，只有靠自己去体会，去感受，任何人都不能为我们提供永远的庇荫。我们应该掌握前进的方向，把握住目标，让目标似灯塔般在高远处闪光；我们应该独立思考，有自己的主见，懂得自己解决问题。因为独立是我们走向社会、立足社会的关键。

你就是自己的神

人多不足以依赖，要生存只有靠自己。

——拿破仑

鲍尔士是18世纪俄国历史上最著名的一位探险家。1893年，他在位于北欧的斯堪的纳维亚半岛探险旅游时，遇到了瑞典探险家欧文·姆斯。由于两人对极地风光都有浓厚的兴趣，他们决定一同沿北极圈做一次考察和探险。

经过两年的精心准备，1895年春，他们带着3条狗、2只雪橇和1张古地图，从瑞典北部城市约克莫克出发，一路向东行进。本来在冬季到来之前就能走完的一万五千多公里路程，他们却走了一年零三个月，原因是在翻越楚科奇山脉时，欧文·姆斯摔断了腿。最后，他们两人终于成功返回约克莫克。欧文·姆斯认为，能完成这次旅行，没有鲍尔士的帮助简直是不可想象的。临分手时，欧文·姆斯再三感谢鲍尔士在考察中给予他的关怀，并把自己一块珍贵的怀表送给鲍尔士作纪念。当时，鲍尔士已是欧洲一位享有盛名的大旅行家，年纪也整整比欧文·姆斯长20岁。面对欧文·姆斯的盛情，鲍尔士回答说："绝境中真正帮助你的是你自己，你用一条腿翻过了最狭窄的山道。总之，我没给你任何真正意义上的支持，谈何感激呢？"后来鲍尔士在致欧文·姆斯的一封信中又说："请你记住，在探险的道路上，你就是你自己的神，你就是你自己的命运。没有人能对你具有最终的支配权，同时除你之外，也没有人能哄骗你离开最后的成功。"

1902年，欧文·姆斯来到东方文明古国中国，他要独自一人穿越塔克拉玛干大沙漠。塔克拉玛干沙漠面积约33万平方公里，是我国最大的沙漠，被称为"死亡之海"。很多人都认为他会被淹没在漫漫黄沙之中。他却奇迹般地走了出来，成为世界上第一个活着走出塔克拉玛干大沙漠的探险者。对此，许多研究者归结为欧文·姆斯口袋中满满的金币和一位叫库利奇的维吾尔人的帮助。如果他们了解到欧文·姆斯有过北极圈探险的不平凡经历和鲍尔士对他所说的不寻常的话语，他们就不会得出这个肤浅的结论了。

【心灵悟语】

自强才是生命本质的动力。在生命的旅程中，有时候我们难免会陷入各种危机中，而想要摆脱这些危机，不要总是依赖别人，把一切希望都寄托在别人身上，最能依靠的人只能是你自己。

靠人不如靠自己。我们遇到难题时，总是有这样一个习惯，把希望寄托于别人身上，却忽略了一个问题，只有我们自己最了解自己，成功者会自救！只要认定自己是一座金矿，认定自己是一个可以挖掘出无价之宝的宝藏，最后你一定能够获得成功。所以请记住，你就是自己的神！

世上没有救世主

人啊！还是靠自己的力量吧！

——贝多芬

1947年，美孚石油公司董事长贝里奇到开普敦巡视工作。在卫生间里，他看到一位黑人小伙子正跪在地板上擦上面的水渍，并且每擦一下，都虔诚地叩一下头。贝里奇感到很奇怪，问他为何如此？小伙子回答，在感谢一位圣人。贝里奇问他为何要感谢那位圣人。小伙子说，是他帮自己找到了这份工作，让他终于有了饭吃。

贝里奇笑了，说："我曾遇到一位圣人，他使我成了美孚石油公司的董事长，你愿意见他一下吗？"小伙子说："我是位孤儿，从小靠锡克教会养大，我很想报答养育过我的人。这位圣人若使我吃饱之后，还有余钱，我愿去拜访他。"

贝里奇说："你一定知道，南非有一座很有名的山，叫大温特胡克山。据我所知，那上面住着一位圣人，能为人指点迷津，凡是能遇到他的人都会前程似锦。20年前，我去南非登上过那座山，正巧遇到他，并得到他的指点。假如你愿意去拜访，我可以向你的经理说情，准你一个月的假。”这位年轻人谢过贝里奇后就上路了。在30天的时间里，他一路披荆斩棘，风餐露宿，历尽艰辛，终于登上了白雪覆盖的大温特胡克山。他在山顶徘徊了一天，什么人都没有遇到。

小伙子很失望地回来了，他见到贝里奇后，说的第一句话是：“董事长先生，一路上我处处留意，直至山顶。我发现，除了我之外，根本没有什么圣人。”贝里奇：“你说得很对，除你之外，根本没有什么圣人。”

20年后，这位黑人小伙做了美孚公司开普敦分公司的总经理，他的名字叫贾木纳。2000年，世界经济论坛大会在上海召开，他作为美孚石油公司的代表参加了大会，在一次记者招待会上，针对他的传奇一生，他说了这么一句话：“你发现自己的那一天，就是你遇到圣人的时候。”

【心灵悟语】

世上没有救世主，如果这个角色必须存在，那扮演者只能是你自己，因为只有自己才是最可相信的。自己的路要自己走，别人的帮助终究是暂时的、辅助性的。只有用自己的力量克服困难，锻炼了顽强的意志，才能到达成功的彼岸。

寻求别人的帮助，解决问题固然可以轻松一些，可这毕竟不是长久之计。因为别人可能帮你一时，但帮不了你一世。人，真正能依靠的只能是自己。

战胜弱点小贴士：如何摆脱依赖性

1. 独立解决问题

生活中，我们要培养自信心，相信通过自己的努力，能处理好生活和学习中的问题；还要发现自己的才能，尝试独立解决问题。

2. 做力所能及的事情

父母不可能照顾我们一辈子，因此我们从小就应该学做一些力所能及的事情，比如洗衣服，收拾文具，帮父母拖地、洗碗等。只有从小事做起，才能逐渐培养起独立自主的精神。

3. 独立思考

独立思考，是独立解决实际问题的前提条件。一个人如果不善于独立思考，那么他面对许多新问题将一筹莫展，束手无策。独立生活要求我们要善于独立思考。独立思考并不等于刚愎自用，而是要善于对问题做出分析，做出正确的判断和选择。

4. 坚强的意志

生活不可能是一帆风顺的，因此，我们要培养顽强拼搏的精神，遇到困难始终不低头，不气馁，百折不挠，不达目的誓不罢休。顽强拼搏、不怕困难是独立生活能力形成的基础条件，如果缺乏这样一种精神，独立生活能力将难以培养形成，想要成就的事业会半途而废。

5. 有责任意识

责任感就是自觉地把分内的事做好的心情。一个人的责任感强烈与否，很大程度上决定着他的独立生活能力的形成，只有树立强烈的社会责任感，一个人才能敢于面对生活的挑战，独立地承担责任，并很好地生活、生存下去。

6. 参加社会实践

培养自己的自立能力，也要大胆地投身到社会实践中。因为只有在社会生活中反复地锻炼、不断实践，才能逐步提高我们的自立能力。

不要拒绝合作：众人拾柴火焰高

团结就是力量

若不团结，任何力量都是弱小的。

——拉·封丹

从前，有一个国王，他有20个儿子。这20个儿子个个都很有本领，难分上下。可是他们自恃本领高强，都不把别人放在眼里，认为只有自己最有才能。平时20个儿子常常明争暗斗，见面就互相讥讽，在背后也总爱说对方的坏话。

看见到儿子们这种互不相让的情况，国王很担心，因为敌人很容易利用这种不和睦的局面来各个击破，那样一来国家的安危就悬于一线了。于是，国王常常利用各种机会和场合来教导儿子们停止互相攻击、倾轧，要相互团结友爱。可是，儿子们对父亲的话都是阳奉阴违，表面上装作遵从教诲，实际上并没放在心上，依然我行我素。

时光飞逝，国王一天天地老了，他明白自己的时日不多了。可是自己死后，儿子们怎么办呢？再没有人能教诲他们、调解他们之间的矛盾了，那国家不是要四分五裂了吗？究竟用什么办法才能让他们懂得要团结起来呢？国王忧心忡忡。

有一天，久病卧床的国王预感到死神就要降临了，他也终于想出了一个办法。他把儿子们召集到病榻跟前，吩咐他们说："你们每个人都放一支箭在地上。"儿子们不知何故，但还是照办了。国王又叫过身边的侍卫说：

“你随便拾一支箭折断它。”侍卫顺手捡起身边的一支箭，稍一用力，箭就断了。国王又说：“现在你把剩下的19支箭全都拾起来，把它们捆在一起，再试着折断。”这个侍卫抓住这捆箭，使出了吃奶的力气，咬牙弯腰，脖子上青筋暴露，折腾得满头大汗，始终也没能将这捆箭折断。

此时，国王语重心长地开口说道：“孩子们，你们也都看得很明白了：一支箭，轻轻一折就断了；可是合在一起的时候，就怎么也折不断。你们兄弟也是如此，如果互相斗气，单独行动，很容易遭遇失败，只有20个人联合起来，齐心协力，才会产生无比巨大的力量，可以战胜一切，保障国家的安全。这就是团结的力量啊！”

儿子们终于领悟了父亲的良苦用心，想起自己以往的行为，都悔恨地流着泪说：“父亲，我们明白了，您就放心吧！”

国王见儿子们真的懂了，欣慰地点了下头，闭上眼睛安然去世了。

【心灵悟语】

这个故事告诉我们一个道理：团结就是力量。俗话说：“众人拾柴火焰高。”也就是说，一个人的力量总是有限的，有了大家的帮助，个人才能有更大的发展。

在日常生活中，谁都不可能是一座孤岛。一个人要取得成功，必须学会与他人一道工作，并得到他人的协助。特别是当今社会，竞争日趋紧张激烈，社会需求越来越多样化，使人们在工作学习中所面临的情况和环境极其复杂。在很多情况下，单靠个人能力已很难独自处理各种错综复杂的问题并采取切实高效的行动。所有这些都需要人们组成团体，并要求组织成员之间进一步相互依赖、相互支持、共同合作，依靠团队合作的力量创造奇迹。

一场篮球比赛

如果你能够使别人乐意和你合作，不论做任何事情，你都可以无往不利。

——威廉·詹姆士

琼斯还是个高中生，是学校女子篮球队的队员。她的球打得相当不错，身高足以成为篮球队的首发队员。除此之外，她的好友玛琳也被选入大学篮球队的首发队员。琼斯比较擅长中远距离投球，常常一场球打下来能有四五个进球，这也得到了大家的赞赏。

可是，她慢慢发现，玛琳不喜欢她在球场上成为人们注意的中心，因此，无论有多好的投篮机会，玛琳都不会再将球传给琼斯了。琼斯非常生气，可是爸爸对她说："我有一个建议，可以让玛琳把球传给你，那就是你一得到球，就马上传给她。"

琼斯没有明白爸爸这番话的深意，很快就要打下一场比赛了，琼斯决心让玛琳在比赛中出出丑。可是，比赛的时候，当她第一次拿到球时，就听到爸爸在观众席上大声叫喊，他的嗓音很低沉："把球传给玛琳！"

琼斯犹豫了一下，将球传给了玛琳。她看到玛琳仿佛愣了一下，然后转身投篮，手起球落，得了2分。这时，琼斯突然产生了一种从未有过的感觉，为另一个人的成功而由衷地感到高兴！更重要的是，她知道她们的比分领先了。

赢球的感觉真好！下半场琼斯继续听从爸爸的建议，一有机会就将球传给玛琳，除非这个球适于别人投篮或由她直接投篮更好。通过与别人的合作，这场她们以绝对领先的成绩取得了胜利。

在以后的比赛中，玛琳开始向琼斯传球，而且还像以前一样，一有机会就传给她。她们的配合变得越来越默契，两人之间的友谊也越来越深。在那一年的比赛中，她们赢了大多数比赛，不仅如此，她们二人也成了家乡小镇中的传奇人物。当地报纸甚至专门写了一篇有关她们两人默契配合的报道。当然，琼斯在比赛中的得分也比以前多了。

这次比赛给琼斯留下了深刻的印象，让她体会到了双赢想法的奥妙，通力合作、争取双赢带给她的是震撼和快乐。

【心灵悟语】

一个人的能力是有限的，不可能包办一切。即便你是一个非常优秀的人，也不要忘了天外有天，人外有人，一定有许多更优秀的人值得你学习。不要过于争强好胜，团结他人共同奋斗，你将获得真正的成功与快乐。

一个人无论多么优秀，如果离开了别人的配合，就无法把自己的事情做好，也无法在社会上立足。我们的社会是由各怀特长的人共同组成的，每个人都有自己的优点，都是不可取代的，只有相互合作，取长补短，才能够共同取得成功。

最终的面试考核

那些不了解合作的人，就如同走进生命的旋涡中，他们最终会被毁灭。“适者生存”是不变的道理，我们可以在世界上找出许多证据。我们所说的“适者”就是有力量的人，而所谓的“力量”就是合作努力。为了获得人生的成就，我们就应该努力合作，而不是单独行动，一个人只要能够和其他人友好合作，就更容易获得成功。

——拿破仑·希尔

有一家跨国大公司对外招聘三名高层管理人员，九名优秀应聘者经过初试、复试，从上百人中脱颖而出，闯进了由公司董事长亲自把关的面试。

董事长看过这九个人的详细资料和初试、复试成绩后，相当满意，但他又一时不能确定聘用哪三个人。于是，董事长给他们九个人出了最后一道题。董事长把这九个人随机分成A、B、C三组，指定A组的三个人去调查男性服装市场，B组的三个人去调查女性服装市场，C组的三个人去调查老年服装市场。董事长解释说：“我们录取的人是用来开发市场的，所以，你们必须对市场有敏锐的观察力。让你们调查这些市场，是想看看大家对一个新行业的适应能力。每个小组的成员务必全力以赴。”临走的时候，董事长又补充道：“为避免大家盲目展开调查，我已经叫秘书准备了一份相关行业的资料，走的时候自己到秘书那里去取。”

两天以后，每个人都把自己的市场分析报告递到了董事长那里。董事长看完后，站起身来，走向C组的三个人，分别与之一一握手，并祝贺道：“恭喜三位，你们已经被录取了！”随后，董事长看看大家疑惑的表情，哈哈一笑说：“请大家找出我叫秘书给你们的资料，好好看看。”

原来，每个人得到的资料都不一样，A组的三个人得到的分别是本市男性服装市场过去、现在和将来的分析，其他两组的也类似。董事长说：“C组的人很聪明，互相借用了对方的资料，补齐了自己的分析报告。而A、B两组的人却分别行事，抛开队友，自己做自己的，形成的市场分析报告自然不够全面。其实我出这样一个题目，主要目的是考察一下大家的团队合作意识，看看大家是否善于在工作中合作。要知道，团队合作精神才是现代企业成功的保障！”

【心灵悟语】

合作是一个团队成功的保证，也是个人成功的前提。团队的力量之所以大于团队成员的个人力量之和，就是他们彼此合作的结果。反之，如果一个团队的成员各顾各的，就像一盘散沙，团队的力量一定会远远小于团队成员的力量之和。所以，要想增强一个团队的力量，就必须树立团队合作意识。

战胜弱点小贴士：如何培养团队合作精神

1. 建议彼此的信任

合作双方最重要的一点是信任，如果在合作的时候你不相信你的队友，那么你如何保证合作成功？你不相信你的队友，你的队友又凭什么相信你？

所以说当你和一个人合作的时候，要无条件地相信他，然后再进行合作。

2. 有分享精神

在合作中分享很重要，把自己的劳动成果与大家分享，把自己好的学习方法、技巧等与大家分享。既然团队是一个整体，所以也就不存在什么私有的想法，你的想法也应该属于集体。只有每一个人都有分享精神，那么这个集体才有它存在的价值和意义。

3. 做好自己的事情

团队合作中，每个人最起码的任务就是把自己的事情做好。团队的任务都是有分工的，分配给自己的任务就要按时做好。只有这样，你才能不给别人带来麻烦。也只有在这个前提下，你才能去帮助其他成员，否则你就有些轻重不分了。

4. 为他人着想

不要事事都从自己的角度考虑。如果有任何问题或者遇到什么问题，先从别人的角度想一想，看看怎样能让他人更加方便。这样的人在团队当中会很受欢迎，同时也更有亲和力，而亲和力对于团队合作来说是很重要的。

不要三心二意：专注是通往成功的捷径

最后的面试

能够将你的身体和心智的能量，锲而不舍地运用在同一个问题上而不感到厌倦的能力就是专注。对于大多数人来说，每天都要做许多事，而我只做一件事。如果一个人将他的时间和精力都用在一个方向、一个目标上，他就会成功。

——爱迪生

一家公司在招聘员工时，特别注重考察应聘者的专心致志的工作作风。通常在最后一关时，都由董事长亲自考核。目前担任经理要职的约翰逊在回忆当时应聘时的情景时说："那是我一生中最重要的一个转折点。一个人如果没有专注工作的精神，那么他就无法抓住成功的机会。"

那天面试时，公司董事长找出一篇文章给约翰逊说："请你把这篇文章一字不漏地读一遍，最好能一刻不停地读完。"说完，董事长就走出了办公室。

约翰逊想："不就读一遍文章吗？这太简单了。"他深吸一口气，开始认真地读起来。过了一会儿，一位漂亮的金发女郎走过来："先生，休息一会吧，请用茶。"她把茶杯放在桌几上，冲着约翰逊微笑着。约翰逊好像没有听见也没有看见似的，还在不停地读。

又过了一会儿，一只可爱的小猫伏在了他的脚边，用舌头舔他的脚踝。他只是本能地移动了一下他的脚，这丝毫没有影响他的阅读，他似乎也不知道有只小猫在他脚下。

那位漂亮的金发女郎又飘然而至，要他帮她抱起小猫。约翰逊还在大声地读，根本没有理会金发女郎的话。

终于读完了，约翰逊松了一口气。这时董事长走了进来问："你注意到那位美丽的小姐和她的小猫了吗？"

"没有，先生。"

董事长又说道："那位小姐可是我的秘书，她请求了你几次，你都没有理她。"

约翰逊很认真地说："你要我一刻不停地读完那篇文章，我只想如何集中精力去读好它。这是考试，关系到我的前途，我不能不专注一些，更专注一些。别的什么事我就不太清楚了。"

董事长听了，满意地点了点头，笑："小伙子，你表现不错，你被录取了！在你之前，已经有50人参加考试，可没有一个人及格。"他接着说："现在，像你这样有专业技能的人很多，但像你这样专注工作的人太少了！你会很有前途的。"

果然，约翰逊进入公司后，靠自己的业务能力和对工作的专注和热情，很快就被董事长提拔为经理。

【心灵悟语】

专注能给人们带来成功的机遇。一个专注的人，往往能够把自己的时间、精力和智慧凝聚到所要做的事情上，从而最大限度地发挥积极性、主动性和创造性，提高做事效率，努力实现自己的目标。对青少年来说更是如此，只有善于克制自己，把精力投入到学习中去，完成自己的职责，才有成功的希望。

在世事喧嚣、红尘滚滚中静下心来，专注于某一事业，不受其他欲望和诱惑的摆布，这是一件非常困难的事，但是唯有如此才能有成就。因为专注会带来更多的成功机会。如果我们集中精力专注于一件事，就能把这件事做得更快更好。

汤姆的困惑

现在有太多的年轻人不能够把一壶水烧开，差不多都是烧到60℃就撒手不管了。还有不少的人是这壶水没有烧开，又跑去烧别的壶。这些人本来是很有才华、可以有所作为的。

——沃伦·巴菲特

好多年前，有人要将一块木板钉在树上当隔板。汤姆走过去，想要帮那个人一把。

那人说："你应该先把木板一头锯掉再钉上去。"于是，他找来锯子，还没有锯两三下又撒手了，说要把锯子磨快些。

于是他又去找锉刀。接着又发现必须先在锉刀上安一个顺手的手柄。于是，他又去灌木丛中寻找小树，可砍树又得先磨快斧头。

磨快斧头需将磨石固定好，这又免不了要制作支撑磨石的木条。制作木条少不了木匠用的刨子，没有一套齐全的工具是不行的。于是，汤姆到村里去找他所需要的工具，然而这一走，就再也不见他回来了。

后来人们发现，汤姆无论学什么都是半途而废。他曾经废寝忘食地攻读法语，但要真正掌握法语，必须首先对古法语有透彻的了解，而没有对拉丁语的全面掌握和理解，要想学好古法语是绝不可能的。

汤姆进而发现，掌握拉丁语的唯一途径是学习梵文，因此便一头扑进梵文的学习之中，可这就更加费工夫了。

汤姆从未获得过什么学位，他所受过的教育也始终没有用武之地。但他的先辈为他留下了一些本钱。他拿出10万美元投资办一家煤气厂，可造煤气所需的煤炭价钱昂贵，这使他亏了不少钱。于是，他以9万美元的售价把煤气厂转让出去，开办起煤矿来。可这又不走运，因为采矿机械的耗资大得吓人。因此，汤姆把在矿里拥有的股份变卖了8万美元，转入了煤矿机器制造业。从那以后，他便像一个内行的滑冰者，在有关的各种工业部门中滑进滑出，没完没了。

他恋爱过好几次，可是每一次都毫无结果。他对一位姑娘一见钟情，十分坦率地向她表露了心迹。为使自己匹配得上她，他开始在精神品德方面陶冶自己。他去一所星期日学校上了一个半月的课，但不久便自动逃遁了。两年后，当他认为问心无愧、可以启齿求婚之日，那位姑娘早已嫁给了一个愚蠢的家伙。

不久他又如痴如醉地爱上了一位迷人的、有五个妹妹的姑娘。可是，当他上姑娘家时，却喜欢上了二妹，不久又迷上了更小的妹妹。到最后一个也没谈成功。

汤姆一直在困惑着，他之所以困惑，是因为他始终没有学会专注于一件事。

【心灵悟语】

用心不专是一个人生活和学习中的大忌，一事无成是用心不专的恶果。生活中的失败者，并不是因为他们没有才干，而是他们不肯集中精力专注地去做最应该做的事情，他们过于分散自己的精力，而且从未觉悟过。

人的精力是有限的，分散精力，东抓一把，西抓一把，效果不会太好，即使成功，也只是偶然。世界上看起来可做的事情很多，但真正能抓住的却很少。一生咬定一个目标不放松，一生只挖一口井，一生只做一件事，才是成功的正道，才有可能达到人生的顶点。

一生只做一件事

人的思想是了不起的。只要专注于某一项事业，那就一定会做出使自己吃惊的成绩来。

——马克·吐温

1988年，在国务院机关事务管理局上班的王文京给远在江西老家的父亲打了一个电话，说自己要辞职下海办实业，王文京的父亲以为听错了，在电话里问王文京：“是我听错了，还是你吃错了药？能在国务院上班，这是多少人做梦都希望的，你却要放弃。”

认为王文京吃错药的不只是他的父亲，还有王文京的许多朋友和领导，他们都劝王文京要三思而后行，能在国务院里上班，前途肯定是不可估量的，说不定过了几年就成了一名有头有脸的政界人物。可是王文京却认定了一条路就一定要走到黑，不但不接受领导的挽留，还在辞职之后把所有的关系都转到了街道，成了一名待业青年。

成了待业青年的王文京办的第一件事，就是以待业青年的身份申请了个体工商户执照，并且注册成立了“用友财务软件服务社”。服务社只有两个人，一个是王文京，一个是和他一同辞职的好朋友苏启强。两个人既是领导又是员工，白天跑业务，晚上设计软件，就这样凭着借来的5万元钱，开始一步一步地往前走。

到了1990年，曾经的“用友财务软件服务社”成了“用友财务软件公司”，公司也由当初的两个人发展到20多人。更可喜的是王文京自己开发的90版用友财务软件和苏启强负责开发的UFO财务报表软件都通过了财务部的评审，成了当时中国最热销的财务软件，并且连续在全国财务软件销量评比中排名前列。

用友财务软件公司发展非常迅速，王文京手里拥有的资金也由开始的用万计算到现在的用千万计算，甚至用亿计算。王文京开始着手自己公司的多元化投资，房地产成了他首要的考虑方向，紧接着就是餐饮服务业、旅游业，一个一个产业投进去，一家一家分公司办起来。

可是这些产业却没有让王文京尝到什么甜头，他发现有些钱只能是看着别人赚，真正等到自己去赚的时候，才发现里面的难处。王文京发现自己除了开发财务软件是强项，并且在自己可控制的范围之内，其他的行业都像进了烂泥塘一样，自己怎么用力也很难抬起脚来快步行走。更可怕的是精力过于分散，主业的软件开发开始受到影响。

想到自己的主业软件开发的竞争力下滑，最后有可能退出市场，王文京才感觉到害怕。他决定放弃多元化投资之路，并且快刀斩乱麻，把自己所有投资的产业都处理掉，只专心于做自己的财务软件。他想到自己读大学时看过一篇文章，文章中说一个人精于一件事，或读懂一本书，这一辈子都受益无穷，因为只要精于一件事，你就具有这方面的核心竞争力，就能够比别人干得更漂亮。

王文京只留下用友财务软件公司，其他的企业都转让出去了。为了能够快速转让，就是亏本他也乐意。他说长痛不如短痛，他不想再把精力分散在那些自己没有把握的事清上，他想凝聚所有的力量做好自己的财务软件。

今天，王文京的用友财务软件还是牢牢地占据着中国财务软件的老大哥的地位，并且成功上市。王文京把所有的钱都用于财务软件公司的运营发展和回报社会，其他的产业再好，他也不投资。他说，他这一辈子就只做财务软件这一件事情，因为要把这一件事情做好，做出永远具有核心竞争力的产品，永远不被别的公司淘汰，就必须心无旁骛。像打井一样，自始至终认定一个位置挖下去，这样挖得越深，水也就越甜。

【心灵悟语】

“一辈子做好一件事”，说到底，就是一种专注的力量，是一种咬定青山不放松的坚守与执着，也是一种参透人生百态的睿智和厚重。坚持登一座山峰的人，一定会到达顶峰。一辈子坚持只做一件事的人，一定会成功，并且会成为一个强者、一个佼佼者。

一生只做一件事，并不是说就不做其他的事了，而是咬定一个目标不放松，一生坚持做这件事不动摇。其他的事情适时地为它让路，腾出主要精力投入这件事上，该发力的时候发力，不达目的不罢休，直到把这件事做好，这就是一生只做一件事。

战胜弱点小贴士：如何改掉三心二意的弱点

1. 控制自己的情绪

当我们长时间做一件事的时候，难免会被自己头脑中奇怪的想法左右，导致我们总会给自己找各种各样的理由，最终停止手头上的活儿。而多次的中断后，我们就患上了拖延症。所以，提高专注力首先要做的就是控制自己的情绪，不被自己的情绪与欲望左右。

2. 制订计划

制订计划表，严格要求自己集中注意力做事情。不管在学习方面还是在其他方面，制订计划有助于自己锻炼注意力，这样可以集中精力做某件事。

3. 做事不迟疑

把自己要做的事情分解成一个个的任务，并且按照轻重缓急排序，每完成一个任务就做一个标记。不要迟迟不动手。如果自己实在是不喜欢或者不想做，那就这样，每次做这个任务只花5分钟的时间，然后停止休息放松一下，再花5分钟在这个任务上。慢慢地你发现自己在做这件事上能持续的时间越来越长了。

4. 远离手机

放下手机，远离微信、QQ等社交软件。很多时候手机成了我们身体器官之外最重要的东西，几乎形影不离，不少人吃饭、睡觉、上厕所、坐车等都在看手机，极大地分散了注意力。

不要拒绝反思：反省会让人成长更快

反省自己的错误

成功的起点是自我分析，成功的秘诀则是自我反省。

——陈安之

刘刚被选为班干部了，这本来是件值得高兴的事，但是，没过几天，刘刚却沮丧地对父母说："我不想当班干部了！"

父母一问才知道，原来，孩子在当上班干部后，需要管理全班同学，许多同学对他表示不服，老是喜欢捉弄他。有时候，老师在不明真相的情况下，还误会刘刚，这让刘刚感觉特别委屈。

刘刚愤愤地说："做班干部真是吃力不讨好，我每天牺牲了那么多的休息时间，处处以身作则，凡事总是吃亏，还得不到同学们的理解！"

妈妈了解原因后对刘刚说："孩子，既然你已经做得很好了，为什么其他同学会不服你呢？是不是你有了骄傲的情况，或者冷落了同学？是不是你学习方面没搞好，或者你在处理同学之间的问题时没有注意方法和态度？"妈妈耐心地开导刘刚。

刘刚在妈妈的引导下开始反省自己。经过深刻地反省，刘刚才意识到自己当了班干部后，不像以前那样与同学们一起玩了，总是把自己当成班干部去管其他同学，因此其他同学很不满意自己的态度。

【心灵悟语】

自省是一个人得以认识自己、分析自己，并有效提高自己的最佳途径。自省，是对自己的行为思想做深刻检查和思考、修正人生方向的一种方法。懂得自省，人格才能不断趋于完善，人才能慢慢地走向成熟。通过自省，做人才会越来越成功，生活才会越来越幸福。

一个人之所以能够不断进步，正是因为他能够不断地自我反省，找到自己的缺点或者做得不好的地方，然后不断改正。对成年人而言，具备自我反省的能力，就能正确地认识自己的优缺点，表现得自信、自律，有目的地规划自己的人生。遇到困难和挫折时，能够及时调整自己的情绪，积极进取，一次次渡过难关，一步步走向成功。对于青少年来说，学会自我反省，更是关系到他们当前的良好发展和日后的人格塑造。一个不懂得自我反省的孩子，永远不会懂得自己的过错与不足，这只能为他们的成长平添许多障碍与烦恼，反之，当你学会了内省，便能做到“扬长避短”，获得进步和发展，从而成为一个自信、自立、自律的人。只有这样，你才能顺利地越过成长过程中的障碍，抵达成功的彼岸。

改变爱因斯坦一生的故事

反省是一面镜子，它能将我们的错误清清楚楚地照出来，使我们有改正的机会。

——海涅

爱因斯坦小时候十分贪玩。他的母亲常常为此忧心忡忡，再三告诫他应该怎样怎样，然而对他来讲如同耳边风。在他16岁那年的秋天，一天上午，父亲将正要去河边钓鱼的爱因斯坦拦住，并给他讲了一个故事，正是这个故事改变了爱因斯坦的一生。

“昨天，”爱因斯坦父亲说，“我和咱们的邻居杰克大叔清扫南边工厂的一个大烟囱。那烟囱只有踩着里边的钢筋踏梯才能爬上去。你杰克大叔在前面，我在后面。我们抓着扶手，一阶一阶地终于爬上去了。下来时，你杰克大叔依旧走在前面，我还是跟在他的后面。后来，钻出烟囱，我发现一个奇怪的事情：你杰克大叔的后背、脸上全都被烟囱里的烟灰蹭黑了，而我身上竟连一点烟灰也没有。”

爱因斯坦的父亲继续微笑着说：“我看见你杰克大叔的模样，心想我肯定和他一样，脸黑得像个小丑，于是我就到附近的小河里去洗了又洗。而你杰克大叔呢，他看见我钻出烟囱时干干净净的，就以为他也和我一样干净呢，于是就只草草洗了洗手就大模大样上街了。结果，街上的人都笑痛了肚子，还以为你杰克大叔是个疯子呢。”

爱因斯坦听罢，忍不住和父亲一起大笑起来。父亲笑完了，郑重地对他说，“其实，别人谁也不能做你的镜子，只有自己才是自己的镜子。拿别人做镜子，白痴或许会把自己照成天才的。”

爱因斯坦听了，顿时满脸愧色。

爱因斯坦从此离开了那群顽皮的孩子们。他时时用自己做镜子来审视和映照自己，终于映照出生命中的熠熠光辉。

【心灵悟语】

一个人之所以能够不断进步，正是因为他能够不断地自我反省，找到自己的缺点或者做得不好的地方，然后不断改正。

事实证明，自我反省能力能够促使人更快地成长。人们通过反省及时修正错误，不断地调整自己的心态和做事的方法。掌握了自我反省的能力，就等于掌握了自我完善和健康成长的秘方。一个善于反省的人，总能看到别人身上的优点，也不会因为别人的优秀而产生嫉妒心理，他会以一颗欣赏的心去对待别人，并且向他们学习；一个善于反省的人，不会抱怨社会的不公，反而会感谢社会给予自己的机会及帮助。

敢于承认错误

知错就改，永远是不嫌迟的。

——莎士比亚

世界级的伟大科学家爱因斯坦，一直为他“一生中最大的错事”而愧疚。爱因斯坦究竟做错了什么事？

1917年，也就是他创立广义相对论的第二年，为了解释宇宙的稳恒态性问题，爱因斯坦和荷兰物理学家德西特各自独立进行此项工作的研究。他们发现引力场方程的宇宙解是动态的而不是静态的。也就是说宇宙要么膨胀，要么收缩。由于物理直觉上的偏见和数学运算上的失误，爱因斯坦决不放弃静态宇宙的概念，为求得一个静态的宇宙模型解，不惜在方程中引进一个“宇宙项”。这个结论在当时既符合宇宙学原理，又符合已知的观测事实。然而，1922年，美国学者弗里德曼求出了这个方程的另一个动态解；1927年比利时学者勒梅特也独立求得同一解。从数学角度证明，宇宙不是静态的，而是均匀地膨胀或收缩着。然而，爱因斯坦仍然不肯接受这个结果，坚持他的静态宇宙模型观。

两年后，美国天文学家哈勃根据远距星云的观测，发现远距恒星发出的光谱线有红移现象，离地球越远的恒星光谱线红移越大。这说明恒星在远离地球而去。哈勃的发现支持了弗里德曼等人的动态宇宙模型，也改变了爱因斯坦对宇宙的看法。爱因斯坦把坚持静态宇宙模型的失误称为他“一生中最大的错事”，并收回了对弗里德曼等人的批评。

后来，在他70岁生日之时，还向好友索洛文表示：“我感到在我的工作中没有一个概念是很牢靠地站得住的，我也不能肯定我所走的道路一直是正确的。”这句话在很大程度上包含了他在1917年的这次失误。

一位举世闻名的伟大科学家能勇于承认自己的失误，谦虚地回顾自己已被世人承认和称颂的成就，说明了爱因斯坦实事求是、尊重科学的坦荡胸怀。这也正是爱因斯坦能取得伟大成就的原因。

【心灵悟语】

错误是有教育意义的，一个人可以从错误中学到很多东西。这样，一个小小的错误就能够警告人们避免大的错误。如果一个人不肯承认自己做过错事，那他就失掉了这种避免重大失误的宝贵经验，而他在以后还会继续犯这种错误。最终，他一定会颓丧地坐下来，哀叹自己悲惨的命运。

如果自己错了，最好能够在他人觉察之前就能大胆承认。一个勇于承认错误的人一定会获取他人的信任，也能赢得他人的尊重。如果一个人真正从所犯的错误中汲取了教训，那么他的生活就一定会发生改变。他获得的不仅仅是经验，更多的是智慧，从而使自己的人生之路更宽广。

战胜弱点小贴士：如何做一个善于反省的人

1. 虚心接受他人的批评

事实上，没有人喜欢被批评。要想让自己变得更加完美和优秀，接受批评是最好的方法。因为别人的批评会告诉你现在是一种什么状态，并促使你去改变。所以，受到严厉的批评，你不应该抱怨或觉得委屈，更不应该破罐子破摔，我们应该感激愿意指责我们的人，他们使我们看到自己的不足。批评源于关心，我们对待他人的批评都应该虚心接受，有则改之，无则加勉。只有虚心接受批评的人，才能改正缺点，提升自己。因此，我们必须养成虚心接受批评的习惯。

2. 勇于自我批评

任何人都难免会犯一些错误，而面对错误，大多数人都不会认为错误在自己身上，总是千方百计地找借口为自己开脱。其实，真正聪明的人，会做自己最严格的批评者。批评自己是完善自己的前提。所以，我们应该有批评与自我批评的意识，要认识到人只有在不断改正错误与不断提高能力的过程中才能进步。将来，我们才可能以一种正确的态度去面对生活中的每一件事。

3. 每天问自己几个问题

自我反省是成长的一个秘诀。我们不妨在每天结束时，好好问问自己下面的问题：“今天我到底学到些什么？我有什么样的改进？我是否对所做的一切感到满意？”如果你每天都能改进自己的能力并且过得很快乐，必然能获得意想不到的丰富人生。真诚地面对这些问题就是自我反省，其目的就是让我们不断地突破自我的局限，省察自己，开创成功的人生。

不要心不在焉：粗心大意，会自食苦果

“差不多”先生的故事

如果你在小事上苟且，那么你在大事上、你在一生中一定也是一个苟且的人。

——李亦非

你知道中国最有名的人是谁吗？

提起此人可谓无人不知，无人不晓。他姓差，名不多，是某省某县某村人氏。你一定见过他，至少听别人提起过他。差不多先生的名字天天挂在大家的嘴边，因为他是某一类人的代表。

差不多先生的相貌和你我都差不多。他有一双眼睛，但看得不很清楚；有两只耳朵，但听得不很分明；有鼻子和嘴，但他对于气味和口味都不很讲究；他的脑袋也不小，但他的记性不好，他的思维也不清晰。

他常常说："凡事只要差不多就好了，何必太精明呢？"

他小的时候，妈妈叫他去买红糖，他却买了白糖回来。妈妈骂他，他摇摇头道："红糖和白糖不是差不多吗？"

他在学堂的时候，先生问他："直隶省的西边是哪一个省？"他说是陕西。先生说："错了。是山西，不是陕西。"他说："陕西同山西不是差不多吗？"

后来，他在一个店铺里做伙计。他会写，也会算，只是总不精细，十常常写成千，千常常写成十。掌柜的生气了，常常骂他，他只是笑嘻嘻地说："千比十只多一小撇，不是差不多吗？"

有一天，他为了一件要紧的事，要搭火车到上海去。他从从容容地走到火车站，结果迟了两分钟。火车已经开走了。他瞪着眼，望着远远的火车上的蒸汽，摇摇头道："只好明天再走了，今天走同明天走，也差不多。可是火车公司未免也太认真了，8点30分开同8点32分开，不是差不多吗？"他一面说，一面慢慢地走回家，心里不明白为什么火车不肯等他两分钟。

有一天，他忽然得一急病，赶快叫家人去请东街的汪大夫。家人急急忙忙地跑出去，一时寻不着东的街汪大夫，却把西街的兽医王大夫请来了。差不多先生病在床上，知道寻错了人，但病急了，身上痛苦，心里焦急，等不及了，心里想："好在王大夫同汪大夫也差不多，让他试试看吧。"于是这位兽医王大夫走到床前，用医牛的法子给差不多先生治病。不到一刻钟，差不多先生就一命呜呼了。

差不多先生差不多要死的时候，只剩一口气，断断续续地说道："活人同死人也差……差……差……不多……凡是只要……差……差……不多……就……好了……何……何……必……太……太认真呢？"他说完这句格言，方才绝气。

他死后，大家都称赞差不多先生样样事情看得破，想得通。大家都说他一生不肯认真，不肯算账，不肯计较，真是一位有德行的人，于是大家给他取了个法号——圆通大师。

后来，他的声名越传越远，越久越大。无数人都学他，于是人人都成了差不多先生。

这就是胡适先生写的一篇《差不多先生》的文章，讽喻中国人常见的那种马马虎虎、糊里糊涂的生活态度。多么遗憾，今天这篇文章仍在讽喻世人。

【心灵悟语】

“差不多”是一种消极的人生态度，其潜伏性和危害性极大。在日常生活中，我们常常可以听到诸如“跟某某做得差不多”“干得差不多就行了”“看上去差不多一样”等话语。有些人竟把“差不多”作为自己的一句口头禅，对此习以为常，把它当成了一种对待生活和学习的态度，导致成绩平平，甚至出尽洋相，生活一塌糊涂。

事实表明，“差不多”心理是要不得的，尤其是在学习中。“百分之一的疏忽，就可能导致百分之百的失败。”我们必须要摒弃“差不多”意识，端正态度，提升认识，强化责任心和使命感，思想上绝不做“差不多”先生。

不注重细节会吃大亏

天下大事必作于细，天下难事必作于易。

——老子

1995年2月26日，英国中央银行英格兰银行宣布了一条震惊世界的消息：拥有233年历史的巴林银行不得继续从事交易活动并将申请资产清理。10天后，这家银行以1英镑的象征性价格被荷兰国际集团收购。这意味着巴林银行彻底倒闭。

巴林银行集团成立于1763年，本是英国伦敦城内历史最悠久、名声最显赫的商业银行集团，素以发展稳健、信誉良好而驰名，在欧洲金融界具有举足轻重的地位。其客户也多为显贵阶层，连英国女王伊丽莎白二世也是这家银行的客户。在鼎盛时，其规模甚至可以与除它之外的整个英国银行体系相匹敌。截至1993年年底，巴林银行的全部资产总额为59亿英镑，1994年税前利润高达1. 5亿美元。其核心资本在全球1000家大银行中排名第489位。然而，这家在全球范围内掌控270多亿英镑资产的巴林银行，竟毁于一个年龄只有28岁的毛头小子尼克·里森之手。

里森本是巴林银行的一名从事清算工作的内勤人员，其职责是确保每笔交易的入账和付款。由于工作出色，1992年，里森被派往巴林银行新加坡分公司担任经理。1992年7月17日，里森手下一名交易员金姆·王由于误操作，造成了2万英镑的损失。当晚，里森就在清算中发现了。为了掩盖这笔损失，里森决定冒险从事投机行为，以期通过投机活动获利，从而弥补损失。然而几天后，由于股市的变动，损失升到了6万英镑，为了赚回足够的钱来补偿所有损失，里森承担了愈来愈大的风险。其实，当时他的年薪已经达到了5万英镑，年终奖金则将近10万英镑，如果里森就此收手，那么巴林银行的历史也许会改变。然而他没有停下来。随着市场价格的变动，里森的损失很快就接近了170万美元。在无路可走的情况下，里森决定继续隐瞒这些失误。

1994年7月，里森造成的损失已达5000万英镑。此时的里森只能继续选择赌博，他幻想着能以一己之力影响市场的变动，反败为胜，补足亏空。到了1995年2月23日，里森带来的损失已经达到8.6亿英镑，这是巴林银行全部资本及储备金的1. 2倍，巴林银行的倒闭已不可避免。

由于没有将交易与清算业务分开，允许里森既作为首席交易员，又负责其交易的清算工作，自己监督自己，从而使他很容易隐瞒其交易风险或亏掉的金钱。对这一小小细节的疏忽，导致这家古老的银行倒闭了。正所谓："祸患常积于忽微，智勇多困于所溺。"

【心灵悟语】

这是一个以细节决定胜负的商业时代。细节不是小事，因为一个细节就可以左右企业的成败。这个细节在自己手里就是王牌，在对手手里就是炸弹。忽视细节，结果必然是惨败。

“千里之堤，溃于蚁穴。”细节不等于小事，责任不分大小。决定成败的，往往就是一两个没有落实的细节。只有把细节精神培植在心中，认真去落实每一份责任才能取得成功。

认真地做事

最终你相信什么就能成为什么。因为世界上最可怕的两个词一个叫执着，一个叫认真。认真的人改变自己，执着的人改变命运。

——江南春

熟悉柴油机制造业的人都知道有这样一个说法：中国制造的柴油机，噪声在数公里外都听得见，柴油机周围数十平方米都是油迹；而德国人生产的柴油机则可以放在办公室的地毯上工作，根本不会影响隔壁房间的人办公。

于是，1984年，武汉柴油机厂聘请德国退休企业家格里希任厂长。

格里希上任后开的第一个会议，市有关部门领导也列席参加了。没有任何客套，格里希便单刀直入，直奔主题：“如果说质量是产品的生命，那么，清洁度就是气缸的质量及寿命的关键。”说着，他当着有关方面领导的面，在摆放在会议桌上的气缸里抓出一大把铁砂，脸色铁青地说：“这个气缸是我在开会前到生产车间随机抽检的样品。请大家看看，我都从它里面抓出来了些什么？在我们德国，气缸杂质不能高于每50毫克，而我所了解的数据是，贵厂生产的气缸平均杂质竟然在5000毫克左右。试想，能够随手抓得出一把铁砂的气缸，怎么可能杂质不超标？我认为这绝不是工艺技术方面的问题，而是生产者和管理者的责任心问题，是工作极不认真的结果。”一番话，把坐在会议室里的有关管理人员说得坐立不安，尴尬至极。

两年后，格里希因种种原因卸任时，武汉柴油机厂生产的气缸杂质已经下降到平均一百毫克左右。回国后，格里希几次来中国，每次都要到武汉柴油机厂探望。在厂里，他有时拿着磁头检查棒发现气缸有未清除干净的铁粉时，忘了自己已经不是厂长，仍然生气地向周围陪同的人大声咆哮：“你们怎么能这么不认真！”

【心灵悟语】

俗话说，态度决定一切。不管人生态度有多少种，认真就是其中的最重要的一种。认真是什么？认真就是不放松对自己的要求，就是严格按规则办事做人，就是在别人苟且随便时自己仍然坚持操守，就是高度的责任感和敬业精神，就是一丝不苟的做人态度。

认真胜过能力，认真成就人生。对于一件事，做不做由你。但是如果你选择了做，那么就请你认真对待，把它做好。我们应该摒弃那种只求粗枝大叶的做事方式，养成认真踏实的习惯。

战胜弱点小贴士：如何改正粗心的毛病

1. 从生活小事做起

杜绝粗心大意的弱点，要从生活点滴做起，例如：写正楷字，画工笔画，择菜，计算水电费，等等。认真对待每件事，注意每个细节。通过干细活儿，训练细心，改正急躁慌张的毛病，远离马虎。

2. 培养责任心

粗心说到底就是责任心的问题。正因如此，我们要加强对工作和学习的重要性的认识，提高责任心，就不会马虎随便，掉以轻心，而且也能自觉地克服分心现象，从而有助于改正粗心大意的毛病。

3. 培养细心的好习惯

单纯地改正坏习惯，仅仅需靠意志来抑制；而同时培养好习惯，可以在大脑皮层通过负诱导的机制对原来的坏习惯形成的条件反射产生破坏作用，这样不仅效果明显，而且消耗的心理能量较少。因此，在生活和学习中，我们应当有意识地坚持高标准、严要求、讲究条理，事情做完之后要认真核对、检查。长此以往，就会习惯成自然。

不要做事拖延：行动之后见结果

一件永远织不完的毛衣

对付拖延症，千千万万种办法都归结为一个办法：当下去做。不是要等到拖延症治好了才能行动，而是只有行动才能治好拖延症。

——学诚法师

一位年轻的女士即将当妈妈了，她打算为即将出世的孩子织一身最漂亮的毛衣毛裤。她在老公的陪同下买回了一些颜色漂亮的毛线，可是她迟迟没有动手，有时想拿起那些毛线编织时，她会告诉自己："现在先看一会儿电视吧，等一会儿再织。"等到她说的"一会儿"过去之后，可能老公快要下班回家了。于是她又把这件事情拖到明天，原因是"要给老公做晚饭"。等到孩子快要出生了，那些毛线还像新买的那样放在柜子里。老公因为心疼老婆，所以也并不催她。后来，婆婆看到那些毛线，告诉儿媳不如自己替她织吧，可是儿媳却表示一定要自己亲手织给孩子。只不过她又改变了主意，想等孩子生下来之后再织，她还说："如果是女孩子，我就织一件漂亮的毛裙。如果是男孩就织毛衣毛裤，上面一定要有漂亮的卡通图案。"

孩子生下来了，是个漂亮的男孩。她初为人母，忙忙碌碌中孩子一天一天地渐渐长大。很快孩子就一岁了，可是她的毛衣毛裤还没有开始织。后来，这位年轻的母亲发现，当初买的毛线已经不够给孩子织一身衣服了，于是打算只给他织一件毛衣，不过打算归打算，动手的日子却被一拖再拖。

当孩子两岁时，毛衣还没有织。

当孩子三岁时，母亲想，也许那团毛线只够给孩子织一件毛背心了，可是毛背心始终没有织成。

渐渐地，这位母亲已经想不起来这些毛线了。

孩子开始上小学了，一天孩子在翻找东西时，发现了这些毛线。孩子说真好看，可惜毛线被虫子蛀蚀了，便问妈妈这些毛线是干什么用的。此时妈妈才又想起自己曾经憧憬的、漂亮的、带有卡通图案的花毛衣。

【心灵悟语】

拖延是对宝贵生命的一种无端浪费，让人一无所获，可这样的行为在我们的生活和工作中不断发生。如果把你一天的时间记录下来，你会发现，拖延不知不觉地消耗了你大部分的时间。

拖延最具破坏性，也是最危险的恶习，它使人丧失进取心。一旦开始遇事推托，就很容易再次拖延，直到变成一种根深蒂固的习惯性的拖延。假如你想谋求事业的成功，那么你就必须改变拖延的恶习。

哥伦布的航行

行动，只有行动，才能决定价值。

——约翰·菲希特

哥伦布在求学的时候，偶然读到了一本古代哲学家毕达哥拉斯的著作，知道了地球是圆的，此后他就牢记在脑子里。经过很长时间的思索和研究后，他大胆地提出，如果地球真是圆的，他便可以经过极短的路程而到达印度了。

当他提出这一想法时，许多知识渊博的大学教授和哲学家们都耻笑他，认为他是痴人说梦。他们警告他说，如果一直向西航行的话，他的船将驶到地球的边缘而掉下去。

然而，哥伦布却没有被这种言论所吓倒，他相信自己的认识是正确的。

但是他家境贫寒，没有钱让他实现自己的理想。他想从别人那儿得到一点儿钱，实现自己的理想，却一连空等了十七年。

他决定不再等下去，于是启程去见皇后伊莎贝拉，向皇后陈述自己的想法。皇后很欣赏他，赐给他船只，让他去实现自己的梦想。

接下来，哥伦布去找水手，水手们听了这个疯狂的计划后，都认为他是个疯子，没有人愿意跟随他去。于是他鼓起勇气跑到海滨，找到了几位水手，先向他们哀求，接着是劝告，最后使用恫吓手段逼迫他们去。为了凑够所需的人手，他还请求皇后释放了狱中的死囚，答应他们，如果这次航行成功，就赦免他们的死罪并恢复他们的自由。

1492年8月，哥伦布率领着三艘帆船，终于开始了那场伟大的航行。

航行并不顺利，刚航行了几天，就有两艘船破了，接着他们又在几百平方公里的海藻中陷入了进退两难的险境。解决了海藻问题后又在浩瀚无垠的大西洋中航行了六七十天，依然不见大陆的踪影。水手们都失望了，他们要求哥伦布返航，否则就把他杀死。心情迫切的哥伦布费尽了心机和口舌，最后总算把船员们说服了。

就在大家陷入绝望之中的时候，希望出现了，哥伦布忽然看见有一群飞鸟向西南方向飞去，他立即命令船队改变航向，紧跟这群飞鸟前进。因为他知道海鸟总是飞向有食物和适于它们生活的地方，所以他推测附近可能有陆地。果然，美洲新大陆很快就出现在他们眼前。

【心灵悟语】

心动不如行动。再美好的梦想与愿望，如果不能尽快在行动中落实，最终只能是纸上谈兵。有人说，心想事成。这句话本身没有错，但是很多人只把想法停留在空想的世界中，而不落实到具体的行动中，因此常常是竹篮子打水一场空。所以，有了梦想，就应该迅速有力地实施。坐在原地等待机遇，无异于等待天上掉馅饼。

万事始于心动，成于行动。空想家与行动者之间的区别就在于是否进行了持续而有目的的实际行动。实际行动是实现一切改变的必要前提。我们往往说得太多，思考得太多，梦想得太多，希望得太多，我们甚至计划着某种非凡的事业，最终却以没有任何实际行动而告终。

成功者的路有千条万条，但是行动却是每一个成功者的必经之路。一百次心动，远比不上一次行动。心动只能让你终日沉浸在幻想之中，而行动才能让你最终走向成功。

两个女孩

现实是此岸，理想是彼岸，中间隔着湍急的河流，行动则是架在川上的桥梁。

——克雷洛夫

西尔维亚出生在一个家庭背景非常好的家庭中，她的母亲是一所著名大学的教授，父亲是波士顿有名的整形外科医生。西尔维亚的理想是做一名优秀的节目主持人。家庭对她的帮助很大，她完全有机会实现自己的理想。她充分相信自己有从事这方面工作的才能，因为，她感到在与他人相处的时候，大家都愿意对她说出自己内心的想法，愿意和她交谈。这对于一个节目主持人来说是非常重要的。她时常对别人说："只要有人给我一次机会，让我上电视，我相信准能成功。"离开学校参加工作以后，西尔维亚等待了一年又一年，一直没有人给她提供一个上电视的机会。于是，她变得焦急、苦闷，心情烦躁，她不断地乞求上天能赐给她一次机遇。可是，机遇终究没有出现。

而另一个女孩辛迪的情况和西尔维亚完全不同。辛迪的家庭条件很差，父母都是极普通的人，他们每天为生活奔波，根本顾不上辛迪。辛迪读书也没有固定的经济来源。于是，她白天打工，晚上到加利福尼亚大学洛杉矶分校去读夜校。她和西尔维亚唯一共同的地方就是拥有相同的理想，辛迪也很想成为一个节目主持人。大学毕业以后，辛迪为了找到一份主持人或主播的工作，她跑遍了洛杉矶的每一个广播电台和电视台，她不像西尔维亚那样无休止地等待。但是，她在每一个地方得到的答案都令她失望：“我们只雇用有工作经验的人。”可是，这个要求是多么的不合理，不给机会，怎么能获得经验呢？辛迪和每一位接见她的人争辩着。

虽然，这时辛迪得到了和西尔维亚一样的结果，但她却没有像西尔维亚一样只是不切实际地等待。她开始为自己创造机遇。一连几个月，她都仔细浏览广播电视方面的各种杂志，她还托人打探各种可能的工作机会。终于有一天，她在报缝中发现了一个令她激动不已的广告：北达科他州有一家很小的电视台，正在招聘一名天气预报员。北达科他州在美国的北部，那里非常寒冷，经常下雪。辛迪是很不喜欢雪的。可是，她已经顾不了那么多了，她急切地需要到那里去。她想：“别说下雪，就是刮飓风也没有关系。只要能和电视沾上边儿，让我干什么都行。”在北达科他州工作了两年以后，辛迪积累了丰富的工作经验。当她再次到洛杉矶电视台应聘的时候，几乎是轻而易举地找到了一个职位。又过了几年，辛迪得到机会，成为著名的电视节目主持人。

从辛迪和西尔维亚身上，我们可以清晰地看到智者和愚者不同的生活轨迹——西尔维亚在十年当中，一直停留在幻想中，坐等机会；而辛迪则是采取行动，最后，终于实现了理想。

【心灵悟语】

说到梦想，几乎每个人都会有，可是为了梦想去努力、去奋斗，从而实现梦想的人却并不多。因为，有些人只会空想，他们只是一群空想家。而努力实现梦想的人才是真正的成功者。

常言道：“有志者事竟成。”并不是说一个人立下志向之后，就可以坐等成功了。立志后，还需要坚持不懈、努力奋斗。如果没有具体的行动，再好的志向也只能是空中楼阁。所以我们千万要记住，成功属于有了理想马上去奋斗的人。

战胜弱点小贴士：如何做事不拖延

1. 改掉惰性

懒惰，是成功的最大杀手。一旦惰性形成习惯，会很容易消磨人的意志，使你对自己越来越失去信心，怀疑自己的毅力，怀疑自己的目标，怀疑自己的能力，甚至会使自己的性格变得犹豫不决，养成一种办事拖拉的作风。解决懒惰最好的办法是让自己立即行动起来。

2. 不要等到条件成熟了才开始行动

无论做什么事情，如果你想等条件都成熟了才开始行动，那很可能就晚了。因为总是会有些事情不是那么完美。或是错过时机，行情不好；或是竞争太激烈。现实世界中没有完美的开始时间。你必须在问题出现的时候就行动起来，并把它们处理好。

3. 从现在开始行动

开始行动的最佳时间就是现在。现在应该做什么，就马上动手，需要什么条件，就设法创造什么条件，干起来再说。至于存在的问题，在做的时候解决，也就是遇到问题解决问题，遇到困难克服困难。

4. 给自己一个最终期限

如果你有一个必须完成的特别任务，那么不要把它搁置在那儿。给你自己一个明确的最终期限来完成它。如果你在最初就浪费时间，当最终期限来临时你会很难受。

5. 让别人帮你

一个人面临问题会觉得孤独无助，所以找个人来帮助你克服拖延的习惯是个不错的选择。也许你有一个朋友也有拖延的习惯，你们就可以互相监督。当你要完成一个很特殊的任务，找个人来监督你。这也是个克服拖延的好方法。

第六章　战胜交际弱点，走到哪里都有好人缘

别让心胸狭窄：才能得到他人的支持和信任

华盛顿的“决斗”

人之谤我也，与其能辩，不如能容。人之侮我也，与其能防，不如能化。

——弘一大师

1754年，华盛顿还是一名血气方刚的上校军官。那时，他正率部于亚历山大市驻防，应该算得上当地的军事首脑。

是年，弗吉尼亚州的议员选举战正打得硝烟弥漫，华盛顿也很狂热地投入了选举战，为他所支持的候选人助威。有个叫威廉·佩恩的人，是华盛顿的坚决反对者，到处发表演讲，批评华盛顿支持的候选人，为此，华盛顿很生气。

某一日，华盛顿与佩恩两个冤家聚头了，并且发生了激烈的争辩。情急之中，华盛顿说了一些过头的话冒犯了佩恩。佩恩觉得自己受了侮辱，不由火冒三丈，冲过去一拳将华盛顿击倒在地。当然，华盛顿也不是好惹的，他的部下马上围了过来，要教训佩恩，为他们尊敬的上司雪耻。而佩恩的当胸一拳却把华盛顿打醒了。他忍痛站起来，命令摩拳擦掌的部下跟他返回营地。一场流血冲突就这样烟消云散了。

第二天，华盛顿写了一张便条，派一名部下送给佩恩，约佩恩到一家酒馆见面，解决昨天两人结下的芥蒂。

佩恩看了便条大吃一惊。华盛顿作为军人，约他解决矛盾的方法肯定是进行决斗。佩恩虽然紧张，但绝不想让人说他是胆小鬼，在家做好了决斗准备，便去酒馆赴约。

佩恩赶到酒馆时，一见华盛顿就傻眼了。华盛顿没带一兵一卒，也没佩带决斗的长剑或手枪，而是西装革履，一副绅士派头。见佩恩进来，他端着酒杯微笑着站了起来，伸手握住佩恩的手，很真诚地说："佩恩先生，人不是上帝，不可能不犯错。昨天的事是我对不起你，不该说那些伤害你的话。不过，你已经采取了挽回自己面子的行动，也可以说是我已为我的错误遭到了惩罚。如果你认为可以的话，我们把昨天的不愉快统统忘掉，在此碰杯握手，做个朋友好吗？我相信你不会反对的。"

佩恩感动了，紧紧地握住了华盛顿的手，热泪盈眶地说："华盛顿先生，你是个高尚的人。如果你将来成了伟人，那么，佩恩将会是你永久的追随者和崇拜者。"

两个完全有可能成为仇敌的人做了朋友。同时，也被佩恩说中了，后来华盛顿果然成了美国人民世代崇敬的伟人。佩恩没有食言，他至死都是华盛顿的忠实追随者和狂热崇拜者。

【心灵悟语】

宽容是一面镜子，它可以随时照出人的胸怀。得理不饶人、睚眦必报的人只会照出其狭隘的一面；只有胸怀宽广、心地坦荡，镜子里才会有千万朵莲花为你绽放。

宽容，作为一种美德受到了人们的推崇，作为一种人际交往的心理因素也越来越受到人们的重视和青睐。宽容的伟大来自于内心，宽容无法强迫，真正的宽容总是真诚的、自然的。用你的体谅和关怀，宽容地对待曾经伤害过你的人，使他感受到你的真诚和温暖。宽容所至，能化干戈为玉帛，仇恨的乌云也会被一片祥和之光所驱散，让心灵的天空变得澄明而辽阔，蔚蓝如洗。

王位的继承人

最高贵的复仇是宽容。

——雨果

很久以前有一位年老的国王，他决定不久后就将王位传给三个儿子中的一个。一天，国王把三个儿子叫到跟前说："我老了，决定把王位传给你们三兄弟中的一个，但你们三个都要到外面去游历一年，一年后回来告诉我你们在这一年内所做过的最高尚的事情。只有那个真正做过高尚事情的人，才能继承我的王位。"

一年后，三个儿子回到了国王跟前，告诉国王自己这一年来在外面的收获。

大儿子先说："我在游历期间，曾经遇到一个陌生人，他十分信任我，托我把他的一袋金币交给他住在另一镇上的儿子。当我游历到那个镇上时，我把金币原封不动地交给了他的儿子。"

国王说："你做得很对，但诚实是做人应有的品德，不能称得上是高尚的事情。"

二儿子接着说："我旅行到一个村庄，刚好碰上一伙强盗打劫，我冲上去帮村民们赶走了强盗，保护了他们的财产。"

国王说："你做得很好，但救人是你的责任，还称不上是高尚的事情。"

三儿子迟疑地说："我有一个仇人，他千方百计地想陷害我，有好几次，我差点就死在他的手上。在我的旅行中，有一个夜晚，我独自骑马走在悬崖边，发现我的仇人正睡在一棵大树下，我只要轻轻地一推，他就掉下悬崖摔死了。但我没有这样做，而是叫醒了他，告诉他睡在这里很危险，并劝告他继续赶路。后来，当我下马准备过一条河时，一只老虎突然从旁边的树林里蹿出来，扑向我，正在我绝望时，我的仇人从后面赶过来，他一刀就要了老虎的命。我问他为什么要救我，他说‘是你救我在先，你的仁爱化解了我的仇恨’。这……这实在是不算做了什么大事。”

“不，孩子，能帮助自己的仇人，是一件高尚而神圣的事，”国王严肃地说，“来，孩子。你做了一件高尚的事，从今天起，我就把王位传给你。”

【心灵悟语】

宽容是一种很高的境界。表面上看，它只是一种放弃报复的决定，这种观点似乎有些消极，但真正的宽恕却是一种需要巨大精神力量支持的积极行为。宽容是为了那些曾经侵犯我们的人着想而做出的，它的最高境界是心灵的净化和升华，它使我们从中看到了非常强大的力量。

一位哲人曾经说过：“以恨对恨，恨永远存在；以爱对恨，恨自然就会消失。”面对别人的伤害，我们要以德报怨，时刻提醒自己，让伤害到自己这里为止。如果可以做一个大度的人，不计前嫌，学会宽容，就会赢得朋友，成就自己。

林肯的逸事

一个伟大的人有两颗心：一颗心流血，一颗心宽容。

——纪伯伦

林肯是美国历史上最伟大的总统之一，他12岁的时候，由于家境的困难不得不中止学业，去做伐木工人。那个时候伐木工人的工资很低，伐一立方米的木材只有1.2美元的报酬。当时伐木全是手工劳作，所以工作的效率也很低，一个人要干两天才能伐一立方米。伐倒了木材，工人们就在木头的尾部用墨水写上自己名字的第一个字母，表示这根木头是自己所伐的，然后再去向老板要钱。林肯的全名亚伯拉罕·林肯，所以他就在自己伐倒的木材上写上一个“A”字。但是有一天他发现自己辛苦砍伐的10多根木头被人写上了

“H”，这显然是有人盗用了林肯的劳动成果。

林肯生气极了，回家对继母说：“一定是那个叫亨得尔的家伙干的，我要去到他家找他论理去。”

继母看着林肯说：“孩子，你先别急，听我给你讲个故事。

“从前有一片大森林，那里住着一个善良的人，名叫斑卜。他以打猎为生，经常在密林中安装捕兽夹子。由于他把夹子安装在野兽们经常出没的路上，所以几乎每天都有收获。有一天他又去收夹子，却发现夹子上只有动物脱落的毛，动物已经被别人取走了。斑卜很生气，但又不知是谁干的，他想留个条子，可是又不会写字。于是他就在纸上画了一张很生气的脸，放在夹子上。第二天他又去收夹子，发现夹子上有一片大树叶，树叶上画着一个圈，圈子里有房子，房子旁边还有一只狂吠的狗。斑卜不知道是什么意思，他想，为什么别人拿走了自己的动物还要画图呢。他觉得应该和这个人见面说理，于是他就画了一个正午的太阳，还有两个人站在捕兽夹边。第三天中午他又来到了这里，看到有一个头上插满了野鸡毛的印第安人在那里等他。他们彼此语言不通，只能通过打手势来对话，印第安人用手势告诉斑卜这里是他们的地盘，斑卜不可以在这里装夹子。斑卜也打手势说这是他装的夹子，别人不能拿走他的猎物。两个人的模样都很古怪，相互看得直乐。斑卜想，与其多个敌人，还不如多一个朋友，于是他就大方地将捕兽夹送给那个印第安人了。

“这样大家就相安无事了，后来有一天斑卜打猎时遇到了狼群，被迫跳下了悬崖。等他醒来的时候，他发现自己正躺在印第安人的帐篷里，伤口上还有印第安人给他上的药。此后他就成了印第安人的好朋友，和他们生活在一起，共同打猎。”

讲完这个故事，继母对林肯说：“孩子，你要学会宽容别人，这样才能使自己的路越走越宽广。要不然，你在社会上就会到处树敌，很难成功的。”

此后林肯牢记着继母的教导，这种宽容的美德为他以后的人生铺平了道路，最终他一帆风顺地当选为美国第16任总统。这对于一个平民出身的孩子来说，是不可思议的奇迹。林肯在后来的回忆中，对这位继母充满了感激与敬仰。据说在林肯的总统办公室里还挂着这样的条幅："宽容比批评更能改变人。"而这种宽容的精神，正是源自他继母的教导。

【心灵悟语】

宽容是为人处世的准则。只有拥有智慧的人，才会在心中留出一片天地给别人。当你学会宽容别人时，就是学会宽容自己；给别人一个改过的机会，就是给自己一个更广阔的空间。

犯错误在所难免，宽恕就是接纳。宽容和忍让能够换来更好的结果。一个人经历过一次忍让，他的心胸就会更宽阔一些。多一分宽容，就会多一个朋友，少一个敌人。如果没有宽恕之心，生命就会被无休止的仇恨和报复心所支配。忍让和宽容不是懦弱和怕事，而是关怀和体谅，以己度人，推己及人，我们就能与别人和睦相处，甚至能够化敌为友。宽容了别人，他人得到了解脱，露出了微笑，也会给自己带来快乐。

战胜弱点小贴士：如何解决心胸狭窄的问题

1. 学会理解他人

俗话说"金无足赤，人无完人"，有缺点和不足乃是人性的必然。和朋友相处，完全没有必要求全责备。只要朋友的缺点不是品质方面的，不是反社会的，完全可以求同存异。对于朋友的缺点和不足，对于朋友心情不好时所说的话和所做的事，我们没有必要斤斤计较，事事都求个公平合理。多原谅别人，多给别人一次宽容和理解，同时也就为自己赢得了好心情，也会使自己觉得在个性完善的道路上又向前迈进了一步。

2. 学会换位思考

实际上，做到宽容，也需要换位思考。有时候，我们站在自己的角度看问题，可能不够全面，也不会了解对方的心思，所以，站在对方的角度看一下，或许你就会了解了其心态，你便一笑了之了。

3. 学会忘却

人人都有痛苦，都有伤疤，动辄去揭，便添新创，旧痕新伤难以愈合。忘记昨日的是非，忘记别人先前对自己的指责和谩骂，时间是良好的止痛剂。学会忘却，生活才有阳光，才有欢乐。

4. 学会忍让

中国有句古话："忍一时风平浪静，退一步海阔天空。"这句古语道出了一个千真万确的真理：人要学会忍让。在我们的生活中，与同学或朋友交往时，往往会产生一些小矛盾、小摩擦。有了矛盾，有了摩擦，如果斤斤计较，以牙还牙，那么矛盾、摩擦就会越来越大，致使积怨越来越深，一旦爆发就会酿成大祸，后果不堪设想。如果双方能够互相忍让，互相宽容，那么就会化干戈为玉帛。因此，我们要学会忍让，学会宽容别人，得理之处且饶人。

5. 提高个人素养

宽容并不是人与生俱来的，它是随着人们知识不断地丰富，智慧不断地增加，修养不断地提高，才慢慢感悟出来的人生道理。也就是说，它与人的思想品性、社会阅历、人生抱负、文化修养等因素息息相关。所以，我们要在生活中不断学习，完善自我，提高内在品质。

6. 多看他人的优点

世上无完人，每个人都有长处和短处。假如在与人相处时，我们对他人的缺点、问题盯住不放，就会产生厌恶之情，言辞不满，甚至产生过激行为。相反，假如我们看他人的长处多一些，以宽容心对待，就会由衷地表现出亲切感，相应的言行也会和善而友好。

不要口无遮拦：请管好自己的嘴

打人不打脸，骂人不揭短

你的舌头就像一匹快马，它奔得太快，会把力气都用完了。

——莎士比亚

公元前592年，晋国大夫郤克在访问鲁国之后，又与鲁国的大夫季孙行父一起去齐国拜访。两人到达齐国后，又与卫国的使臣孙良夫和曹国的使臣公子首不期而遇。所以四位使臣结伴而行，一起到达了齐国的国都临淄。

非常凑巧的是，这四位使臣生理上都有一些缺陷：晋国的郤克只有一只眼睛，鲁国的季孙行父头上没长头发，卫国的孙良夫一条腿有残疾，曹国的公子首先天驼背。齐顷公在接见了他们四位之后，回到后宫把这四个人的外貌对他母亲萧太后叙述了一番。萧太后好奇心特别重，非要去看一看不可。而齐顷公为了博得其母欢心，准备把这四位使臣戏弄一番。他让人从城内找来一个独眼龙、一个秃子、一个瘸子和一个罗锅，分别对号入座为四位来宾驭车，定于第二天到花园做客。有位大臣进谏说：“国家之间的外交不是儿戏，人家朝聘修好而来，我们应该以礼相待，千万不要嘲笑人家。”可是齐顷公偏偏认为自己的国家强大，别的国家对其无可奈何，遂不听劝告。第二天，当四位使臣在四位齐国人的陪同下，经过萧太后居住的楼台之下时，萧太后与宫女们启帷观望，禁不住哈哈大笑。晋国使臣起初见给他驭车的人也是一只眼睛，以为是巧合，没有在意，等听到嘲笑声后才恍然大悟，原来齐顷公在戏弄他们。

晋国使臣匆匆饮了几杯之后，便同其他三国使臣回到馆舍。当他知道楼台上笑的是齐国太后时，不由得火冒三丈。其他三位使臣也愤愤地说：“我们好意来访，齐顷公竟把我们当笑料供妇人们开心，可恨至极！”于是四国使臣歃血为盟，对天起誓，决心协力同心，伐齐报仇。第二年，齐国借口鲁国归附晋国，出兵伐鲁，并顺手牵羊，在卫国边境地区捞了一把。晋国为了保住霸主的地位，来了个新账旧账一起算，汇集四国军队大举伐齐，一直打到临淄城下，迫使齐国签订了盟约。

因“戏客”而引起了战乱，齐国甚至差一点儿遭到亡国之祸，教训很深刻，也非常发人深省。

【心灵悟语】

我们常说“瘸子面前不说短”“胖子面前不提肥”“东施面前不言丑”，对让人失意之事应尽量地避而不谈。人人都有各自不同的成长经历，都有自己的缺陷、弱点，也许是生理上的，也许是隐藏在内心深处不堪回首的经历，这些都是他们不愿提及的疮疤，是他们在社交场合极力隐藏和回避的问题。被击中痛处，对任何人来说，都不是一件令人愉快的事。尤其是他人身上的缺陷，千万不能用侮辱性的言语加以攻击。无论是什么人，只要你触及了这块伤疤，他都会采取一定的方法进行反击。他们都想获得一种心理上的平衡。所以说，我们要极力避免说别人的短处，否则不仅使别人的尊严受到损害，而且还表现出你品德的缺点。

对多管闲事的人的惩罚

处世戒多言，言多必失。

——朱柏庐

一个戏院的舞台中心，魔术师对台下黑压压的观众说：“女士们，你们看着这件衣服，里面是空的。瞧！”说罢，他一伸手，就从衣服里拿出一盆金鱼。金鱼活蹦乱跳，看得人眼花缭乱。

台下的观众顿时欢呼起来。坐在最前排的一个观众是个多事的人。他从鼻子里哼了一声，对坐在他旁边的人说：“他事先把金鱼藏在袖子里，有什么稀奇？”

这话说得很响，周围的人都听见了。他们也点点头，齐声说：“你说得有理，他准是事先把金鱼藏在袖子里的。”

观众的话也传到魔术师的耳朵里，他想开场不利，得赶快换一个魔术，于是又说：“请看我的下一个戏法，你们现在看到铃是分成两半的，我只要轻轻按一下，就会……”听他这么说，观众们又来了兴趣，全都聚精会神地看着。

那个多管闲事的人又大声说：“他事先把另一个铃藏在袖子里啦。”观众们听他这么说，顿时叽叽喳喳议论起来。

此刻魔术师脸上不动声色，但心里很恼火。为挽回影响，他又变了几个戏法，但依然压不住场。然而在这一行时间长了，办法毕竟很多，他略一思考，办法有了。

只见他轻轻地咳嗽一声，提高嗓门，说：“刚才我们表演的是中国的戏法，现在我将要表演日本著名的戏法。”他稍微停顿了一下，转向那位多管闲事的人，笑容可掬地说，“先生，能不能把您手上的金表借给我？”

那位多管闲事的人，见让自己出场，非常乐意，他立即捋下手表，亲自递到魔术师的手中。

魔术师说：“先生，我要把您的表放在研钵里面，然后捣成碎片，您同意吗？”多管闲事的人笑了一笑，点头表示同意。

魔术师看到他同意了，便把金表放在研钵内，又拿了一把铁锤，“砰砰砰”地猛敲下去。多管闲事的人见了，对一旁的观众说：“他已把表藏入袖子里啦。”

接着，魔术师又向多管闲事的人要来一块手帕，他在手帕上面弄了一个洞，并让观众瞧，说这里可没有机关。随后他又向管闲事的人要了一件毛衣，点火烧了。要了他的眼镜，砸了。最后把多管闲事人头上的丝绸帽子要来，放在舞台上，然后跳上去，跳起了漂亮的舞蹈。

这时，场内欢声雷动，掌声经久不息。多管闲事的人也笑得咧开了嘴，他真的被这种“日本戏法”迷住了。

舞跳完了，魔术师双手一摊，说：“节目到此结束，谢谢这位先生的合作……”

多管闲事者还没回过神，表演已结束，这就是魔术师给多管闲事人的小小惩罚。

【心灵悟语】

常言道：“直言贾祸。”又道：“三寸舌害六尺身。”其意就是劝导人们要慎言，否则的话，等到被自己不慎的言语所害，没准儿自己还在云里雾里呢！

“蚊虫遭扇打，只为嘴伤人。”人与人之间原本没有那么多的矛盾纠葛，往往只是因为有人逞一时之快，说话不加考虑，只言片语伤害了别人的自尊，让人下不来台。也许你以为言者无惧则世上无人可惧，也许你以为心直口快可显血气方刚，也许你以为忍不住说话无伤大雅……也许在将来的某个时刻，你就该为你的“不慎”之语还债了！所以，说话要谨慎，如果口无遮拦，没有顾及别人的立场，就很容易伤害别人，从而使别人讨厌你，甚至于对你进行打击报复。

不要乱开玩笑

幽默感就是分寸感。

——纪伯伦

几个朋友在一起聊天，其中一位特别瘦的小伙子喜欢开玩笑。他一时心血来潮，想要说一个笑话，逗大家乐一乐。他便指着旁边一个特别胖的姑娘说：“你可越长越‘苗条’了，可惜我们中国还没有相扑运动，不然，你准是一号种子选手！”

小伙子的话逗得大家哈哈大笑。可是这位姑娘正为自己不断发胖而苦恼，小伙子当着大伙的面拿自己取笑，她脸上挂不住了，感觉自己的自尊心被严重践踏，岂能忍受？她立即翻脸说：“我胖怎么了？没吃你的没喝你的，你操哪门子心？你也不照照镜子瞧瞧自己，瘦得像根芦柴棒！”她说完起身离开了大家，独自走了。

【心灵悟语】

生活中，不少年轻人也会犯下这样的错误，自以为开的玩笑无伤大雅。但是，如果对方是个比较敏感的人，就会把你的玩笑看作是对自己的嘲笑而怀恨在心，以致毁了两个人的友谊，使关系变得紧张。所以，开玩笑要掌握好尺度，否则不但达不到良好的效果，还会让人尴尬，这样的玩笑不如不开。

战胜弱点小贴士：如何避免口无遮拦

1. 不要揭人短

俗话说：“打人不打脸，骂人不揭短。”要想与他人友好相处，就要尽量体谅他人，维护他人的自尊，千万不要有意无意地戳人痛处。所以，与人交谈，应该照顾别人的感受，不要咄咄逼人。学会体贴别人，善待他人，用短短几句话就可以做到。

2. 不要伤人自尊

人人都有自尊心，人人都有好胜心。说话时，应处处重视对方的自尊心，不说伤人的话，特别是伤人自尊心的话。

3. 别人坏话坚决不说

不管是当面还是背后，对别人人品方面的问题，尽量不要有定性的评价。即使某人的人品真的存在问题，也最好不要从你的嘴里说出来，因为经常说别人人品有问题的人往往自己人品有问题。

4. 委婉地指出他人的错误

说话时，直来直去有两种情况：要么是一针见血，要么是胡言乱语。一针见血地指出别人的毛病，尽管出发点是好的，但其杀伤力很强，很容易让别人下不来台。如果可以用婉转一点的方式提醒别人，其效果远远好于直来直去。

不要自私自利：做一个慷慨大方的人

自私的老人

如果一个人仅仅想到自己，那么他一生里，伤心的事情一定比快乐的事情来得多。

——马明·西比利亚克

很久以前，有一位老人种了一棵树苗。老人每天细心呵护，施肥浇水。树苗因为受到老人的关怀长得特别粗壮，慢慢变成了参天大树。

天气非常炎热，人们来到大树下乘凉。老人生气地说："走开，快走开！你们这些贪婪的家伙！"

人们说："我们只是想在这棵大树下乘凉而已。"

老人霸道地说："这棵大树是我的。是我每天给它浇水施肥，你们什么都没有做过，凭什么享受它的阴凉？"

人们只好无奈地走了。

不久，大树变得枯萎了起来，老人以为大树生病了，于是对它加倍呵护。几只小鸟打算在这可粗壮的大树上安家，可是老人却把小鸟赶走，老人生气地说："不，你们不能在这棵树上安家，这棵树是我的！"

小鸟们飞走了。

大树因为老人的自私而有了沉重的负担，这违背了当初老人栽种它的初衷，不久它就死掉了。老人伤心极了，不明白为什么自己明明细心呵护，大树最后还是死掉了。

【心灵悟语】

自私是人性的弱点之一。所谓自私，就是只顾自己的利益而不顾别人。世界上一点儿都不自私的人大概没有，自私透顶的人却并不少见。故事中的老人就是其中之一。人难免自私，但太过自私，就是唯利是图，继而就会见利忘义，背信弃义，甚至失去了人性。自私到了极点，就是愚笨。人们大多不喜欢自私的人，久而久之，自私的人便会失去朋友。他老是想占便宜，也许到头来不是得到了，而是失去了。

人性之自私，我们不容回避。我们要做的就是营造“我为人人，人人为我”的氛围。这个世界上需要无私奉献。

助人即助己

人生最美丽的补偿之一，就是人们真诚地帮助别人之后，同时也帮助了自己。

——爱默生

巴萨尔是从父亲的手中接管这家食品店的。这家古老的食品店很早以前就在镇上远近皆知了，他希望能够通过自己的努力，让食品店更加兴旺。

一天晚上，巴萨尔正在店里收拾货物清点账款，因为第二天他将和妻子一起去度假。他打算早早地关上店门，以便为外出度假做准备。忽然，他注意到店门外不知何时竟站着一位面黄肌瘦的年轻人，他衣衫褴褛、双眼深陷，一看就知道是一个典型的流浪汉。

巴萨尔是个热心肠的人。他走了出去，对那个年轻人说道：“年轻人，有什么需要帮忙的吗？”

年轻人略微带点儿腼腆地问道：“这里是巴萨尔食品店吗？”他说话时带着浓重的墨西哥口音。

“是的。”巴萨尔点了点头。

年轻人更加腼腆了，他低着头，小声说道：“我是从墨西哥来找工作的，可是整整两个月了，我仍然没有找到一份合适的工作。我父亲年轻时也来过美国，他告诉我他在你的店里买过东西，喏，就是这顶帽子。”

巴萨尔看见小伙子的头上果然戴着一顶十分破旧的帽子，那个被污渍弄得模模糊糊的“V”字形符号正是他店里的标记。

“我现在没有钱回家了，也好久没有吃过一顿饱餐了。我想……”年轻人继续说道。

巴萨尔知道眼前站着的人只不过是多年前一个顾客的儿子，但是他觉得自己应该帮助这个小伙子。于是，他把小伙子请进了店内，让他饱餐了一顿，并且还给了他一笔路费，让他回国。

不久，巴萨尔便将此事淡忘了。过了十几年，巴萨尔的食品店越来越兴旺，在美国开了许多家分店，他于是决定向海外扩展，可是由于他在海外没有根基，要想发展困难重重。为此，巴萨尔一直犹豫不决。

正在这时，他收到了一封来自墨西哥的信件，原来写信人正是多年前他曾经帮助过的那个流浪青年。此时，当年的那个年轻人已经成了墨西哥一家大公司的总经理，他在信中邀请巴萨尔来墨西哥发展，与他共同开创事业。巴萨尔真是喜出望外，有了这位总经理的帮助，巴萨尔很快在墨西哥建立了他的连锁店，而且发展得异常顺利。

谁又能想到，多年之后，一个流浪青年能成为大老板呢？倘若当时巴萨尔没有帮助这位青年，他的创业之路不会发展得那么顺利。这种回报与其说是上帝的赐予，不如说是巴萨尔当初种下了善因。而一个有着善心和善举的人，是应该得到回报的。

【心灵悟语】

正所谓“行下春风望夏雨”，许多人一辈子都不会想到，自己在帮助别人时，其真正是帮助了自己。在日常生活中，许多偶然的事情，将会决定你未来的命运。而生活从来不会说什么，但会用时间诠释这样一个真理：帮助别人，就是帮助自己。

你怎样对待别人，别人就会怎样对待你。这是人际交往中必须遵循的一条基本规律。请记住：当我们搬开别人脚下的绊脚石时，也许恰恰是在为自己铺路。我们在帮助别人的时候，也就是在帮助我们自己。

分享的快乐

如果你把快乐告诉一个朋友，你将得到两个快乐；如果你把忧愁向一个朋友倾诉，你将被分掉一半忧愁。

——培根

一个精明的荷兰花草商人千里迢迢从遥远的非洲引进了一种名贵的花卉，培育在自己的花圃里，准备到时候卖个好价钱。对这种名贵的花卉，商人爱护备至，许多亲朋好友向他索要，一向慷慨大方的他却连一粒种子也不给。他计划繁育三年，等拥有上万株后再开始出售和馈赠。

第一年的春天，他的花开了，花圃里万紫千红，那种名贵的花开得尤其漂亮，就像一缕缕明媚的阳光。

第二年的春天，他的这种名贵的花已繁育出了五六千株，但他和朋友们发现，今年的花没有去年开得好，花朵略小不说，还有一点点的杂色。

到了第三年的春天，他的名贵的花已经繁育出了上万株。令这位商人沮丧的是那些名贵的花的花朵已经变得更小，花的色彩也差多了，完全没有了它在非洲时的那种雍容和高贵。当然，他也没能靠这些花赚上一大笔钱。

难道这些花退化了吗？可非洲人年年种这种花，大面积、年复一年地种植，并没有见过这种花会退化呀。百思不得其解，他便去请教一位植物学家，植物学家拄着拐杖来到他的花圃看了看，问他："你这花圃隔壁是什么？"

他说："隔壁是别人的花圃。"

植物学家又问他："他们种植的也是这种花吗？"

他摇摇头说："这种花在全荷兰，甚至整个欧洲也只有我一个人有。他们的花圃里都是些郁金香、玫瑰、金盏菊之类的普通花卉。"

植物学家沉吟了半天才说："我知道你这名贵之花不再名贵的秘密了。"植物学家接着说："尽管你的花圃里种满了这种名贵的花，但和你的花圃毗邻的花圃种植着其他花卉，你的这种名贵的花被风播了花粉后，又染上了毗邻花圃里的其他品种的花粉，所以名贵的花一年不如一年，越来越不雍容华贵了。"

商人问植物学家该怎么办，植物学家说："谁能阻挡住风传播花粉呢？要想使你的花不失本色，只有一种办法，那就是让你邻居的花圃里也都种上你的这种花。"

于是，商人把自己的花种分给了自己的邻居。

次年春天花开的时候，商人和邻居的花圃几乎成了这种花的海洋——花朵又肥又大，艳丽典雅，朵朵流光溢彩、雍容华贵。这些花一上市，便被抢购一空，商人和他的邻居都发了大财。

【心灵悟语】

人活在这个世界上，一定要学会分享与给予，养成互爱互助的行为习惯。只要学会分享，地狱也能变成天堂。

人们都想快乐，然而有些人总是快乐不起来，原因很简单，他们没有学会分享。快乐的最高境界是忘我，不是为自己，而是为了满足大家共同的利益。给予的、奉献的、分享的快乐，才是真正永久的快乐。古波斯拜火教的始祖佐罗亚斯特说："为别人做好事，不是一种责任，而是一种快乐，因为这能增加你自己的健康和快乐。"这就是分享带给你的快乐。

生命中总有很多东西是需要有人来一同分享的。只有学会分享，才能得到快乐；只有学会分享，才能得到幸福。

战胜弱点小贴士：怎样改掉自私的坏毛病

1. 认识自私的危害

有些人与人相处总想捞点儿好处，做什么事都是有目的的，要么冲着别人的位子，要么想从别人那里得点儿实惠，要么为了一事之私，如果对方对自己没有实质性的帮助，就不愿意和对方交往 。这种自私自利的心理，会使一个人变得孤独、众叛亲离，会把原本属于自己的美好人生化成一片灰烬，不但会失去别人的信任，还会遭人厌弃，更会失去自身的尊严。

2. 多做利他之事

一个想要改正自私心态的人，不妨多做些利他之事。例如关心和帮助他人，给希望工程捐款，为他人排忧解难等。自私心很重的人，可以从让座、借东西给他人这些小事情做起，多做好事，可以从行为中纠正过去那些不正常的心态，从他人的赞许中得到利他的乐趣，使自己的灵魂得到净化。

3. 学会分享

分享是一种美德，更是一种快乐。分享能够让人减少痛苦，摆脱自私，获得快乐。分享的快乐，要比独享的快乐长久，要比独享的快乐伟大而有意义。摒弃自私的占有，去分享吧，去感受众乐之乐吧。身在其中，方知其味，在行动中感受快乐的真谛吧。

4. 为他人着想

想要改变自私自利的心态，就要首先懂得为他人着想，也就是换位思考。当自己因为私利想要独自占有什么东西时，想想失去的人的痛苦，这样才有可能心甘情愿地放弃占有欲。

不要斤斤计较：才能拥有自在的人生

有理也要让三分

遇方便时行方便，得饶人处且饶人。

——吴承恩

“服务员！你过来！你过来！”在一家餐厅里，一位顾客高声喊道，指着面前的杯子，满脸寒霜地说：“看看！你们的牛奶是坏的，把我一杯红茶都糟蹋了！”

“真对不起！”服务员一边赔着不是，一边微笑着说，“我立即给你换一下。”

新红茶很快就准备好了，碟子和杯子跟刚才的一样，放着新鲜的柠檬和牛奶。服务员轻轻放在顾客面前，又轻声地说：“我是不是能提一个建议？如果放柠檬，就不要放牛奶，因为有时候柠檬酸会造成牛奶结块。”

那位顾客的脸一下子红了，匆匆喝完茶，走了出去。

有人问服务员：“明明是他土，你为什么不直说呢？他那么粗鲁地叫你，你为什么不还以颜色？”

“正是因为他粗鲁，所以要用婉转的方式对待；正因为道理一说就明白，所以用不着大声。”服务员说。

那个问话人同意地点了点头。

【心灵悟语】

在我们的生活中，并不是所有问题都值得去讨论，也不是任何话题都可以拿出来讨论。在有些情况下，因为个人的性格、兴趣和爱好不同，对问题的看法也不相同。这时如果因此引发一场讨论，一定没有任何结果，也毫无意义，这样做只能是浪费时间。确实非争不可时，也要适可而止，见好就收，如果一意孤行，争论到底，不会有什么好结果。

人人都有自尊心和好胜心，在生活中，大部分人一旦陷身于争斗的旋涡，便不由自主地焦躁起来。有时为了自己的利益，甚至是为了面子，总要强词夺理，一争高下。一旦自己得了“理”，便决不饶人，非逼得对方鸣金收兵或自认倒霉不可。然而这次“得理不饶人”虽然让你吹响了胜利的号角，但也成了下次争斗的前奏。因为这对“战败”的一方也是一种面子和利益之争，他当然要伺机讨还。其实，在这种时候，对一些非原则性的问题，我们何不主动显示出自己比他人更有容人之雅量呢！所以说，得理也让三分，是一种做人做事的大智慧，谁能做到这一点，谁就能少些麻烦，多些顺畅。

避免徒劳无功的争执

如果你老是争辩、反驳，也许偶尔能获胜，但那是空洞的胜利，因为你永远得不到对方的好感。

——班杰明·富兰克林

位于美国纽约自由街114号的麦哈尼公司，是一家专门经销石油工业非标准设备的公司。有一次，该公司接受了长岛石油集团公司的一批订单。长岛集团在石油界举足轻重，是麦哈尼公司的重要顾客。麦哈尼公司接受订单后不敢怠慢，抓紧时间把图纸设计好，送长岛石油集团公司去审核。图纸经石油公司的总工程师批准后，麦哈尼公司开始动工制造。

然而，不幸的事情发生了：那位顾客是长岛石油集团公司的订货人，他在出席朋友家的私人宴会时，无意中谈起了这批订货。几位外行人竟然信口雌黄，说设计不合理、价格太贵等，大家七嘴八舌、叽叽喳喳。他们不负责任，飞短流长，使这位顾客产生被人欺骗了的感觉。这位顾客开始六神无主，继而觉得真有其事，最后竟拍案而起，勃然大怒。他打电话给麦哈尼先生，大发雷霆，把麦哈尼公司臭骂一顿，发誓不接受那批已经开始制造的非标准设备。说完，啪的一声，把电话挂断了。

电话那头，麦哈尼先生呆若木鸡。他被骂得丈二金刚，摸不着头脑。他还没来得及转过神，没有申辩一句，顾客就把听筒撂了。

麦哈尼先生从事石油非标准设备制造多年，经验丰富，是一位懂技术的经理。他把蓝图拿来，一一对照仔细检查，看不出半点纰漏。凭经验，他确认设计方案无误，于是就乘车去长岛公司求见那位顾客。在路上，他想："如果我坚持自己是正确的，并指责顾客在技术上错误的认识，那么必将激怒顾客，激化矛盾，使事态变得更加严重。"当麦哈尼先生心情平静地推开顾客办公室的门时，那位顾客立刻从椅子上跳起来，一个箭步冲过来，噼里啪啦数落了他一顿。顾客一边龇牙咧嘴，一边挥舞着拳头，气势汹汹地指责着麦哈尼公司。

在一个失去理智的人的面前，麦哈尼先生不气不恼，两眼平静地注视着对方，一言不发。也许是麦哈尼先生温和的态度感染了顾客，使顾客发现自己对一个心平气和的人发火是没有道理的。他突然停止了指责，最后耸耸肩，两手一摊，用平常的声音说了一句："我们不要这批货了，现在你看怎么办？"麦哈尼公司为这批订货已经投入了2万美元。如果对方不要这批货了，重新设计制造，公司就要损失2万多美元；如果与对方打官司，就会失去这个重要的顾客。麦哈尼先生是一位出色的销售员，当顾客大肆发泄一通后，麦哈尼先生心平气和地说："我愿意按照您的意愿去办这件事。您花了钱，当然应该买到满意合用的东西。"麦哈尼先生只用两句话，就平息了顾客的冲天怒气。他接着开始提问："可是事情总得有人负责才行，不知这件事该您负责，还是该我负责。"平静下来的顾客笑着说："当然得你负责，怎么要让我负责呢？"

"是的。"麦哈尼说，"如果您认为自己是对的，请您给我张蓝图，我们将按图施工。虽然目前我们已经花了两万美元，但我们愿意承担这笔损失。为了使您满意，我们宁愿牺牲两万美元。但是，我提请您注意，如果按照您坚持的做法去办，您必须承担责任，如果让我们照着计划执行——我深信这个计划是正确的，我负一切责任。”

麦哈尼先生坚定的神情、谦和的态度、合情合理的谈话，终于使顾客认识到他发脾气是没有道理的。他完全平静下来以后说：“好吧，按原计划执行。上帝保佑你，别出错！”结果当然是麦哈尼先生没有错，按期交货后，顾客又向他们订了两批货。

麦哈尼先生说：“当那位顾客侮辱我，在我面前挥舞拳头，骂我是外行时，我必须具备高度的自制力，绝对不能与他正面冲突。这样做的结果是值得的。要是我直接说他错了，两个人争辩起来，很可能要打一场官司。那时的结果是感情和友谊破裂，金钱受到损失，最终我会失去一位重要的顾客。在商业交往中，我深深相信，与顾客争吵是划不来的。”

【心灵悟语】

古语说：“用争夺的方法，你永远得不到满足；用让步的方法，你可能得到的比你期望的更多。”聪明人明白，避免争论能得到更大的利益。

现实生活中，很多人喜欢争辩，对一个问题，一个观点，争得脸红脖子粗，大有针尖对麦芒之势。其实，跳出来看，有必要去争辩吗？有些事情根本没有必要争辩。

争论或许会让你赢得胜利，但是即使赢了，实际上你还是输了。为什么？如果你的胜利使对方的论点被攻击得千疮百孔，证明他一无是处，那又怎么样？你会觉得扬扬得意，但对方呢？他会自惭形秽。你伤了他的自尊，他会怨恨你的胜利。而且一个人即使口服，但心里并不服。因此，争论是要不得的，甚至连最不露痕迹的争论也要不得。如果你老是抬杠、反驳，即使偶尔获得胜利，也永远得不到对方的好感。真正赢得胜利的方法不是争论，而是不要争论。

为对手喝彩

我们不可能没有敌人，但我们决不能没有朋友。我们要感谢敌人，因为他们使我们坚强；我们更要感谢朋友，是朋友使我们战胜敌人！

——李垒

1936年，举世瞩目的奥运会在柏林举行。当时正是法西斯势力猖狂的年代，希特勒想借奥运会来证明雅利安人种的优越。

当时田径赛的最佳选手是美国的杰西·欧文斯，在纳粹一再叫嚣把黑人赶出奥运会的声浪下，欧文斯仍鼓足勇气报名参加此次运动会的100米跑、200米跑、4×100米接力和跳远比赛。在这4个项目中，德国只在跳远项目上有一名优秀选手可与欧文斯抗衡，他就是鲁兹·朗。希特勒亲自接见鲁兹·朗，要他一定击败欧文斯——黑种人的欧文斯。

跳远预赛那天，希特勒亲临观战。鲁兹·朗顺利进入决赛。轮到欧文斯上场了，但场外种族歧视的声音使他很紧张。他第一次试跳便踏线犯规；第二次他为了保险起见从距跳板很远的地方就起跳了，结果跳出了非常坏的成绩；还有最后一跳，欧文斯一次次起跑，一次次迟疑，不敢完成最后的一跳。

这时希特勒退场了，他认为这个低劣的黑种人已经没有任何机会。在希特勒退场的同时，鲁兹·朗走近欧文斯。他用结结巴巴的英语对欧文斯说，他去年也曾遇到同样的情形，结果只用了一个小窍门就解决了。鲁兹·朗取下欧文斯的毛巾放在起跳板后数英寸处，说起跳时注意那个毛巾就不会有太大误差了。欧文斯照做了，结果几乎破了奥运会的纪录。

几天后进行决赛，鲁兹·朗率先破了世界纪录，但随后欧文斯以微弱优势战胜了他。贵宾席上的希特勒脸色铁青，看台上本来民族情绪高涨的德国观众也变得情绪低落。这时鲁兹·朗拉住欧文斯的手，一起来到聚集了12万德国人的看台前，他将欧文斯的手高高举起，高声喊道：“杰西·欧文斯！

杰西·欧文斯……”

看台上先是一阵难挨的沉默，然后是突然爆发了齐声呼喊：“杰西·欧文斯！杰西·欧文斯……”欧文斯举起另一只手来答谢。

等观众安静下来以后，欧文斯举起鲁兹·朗的手，竭尽全力喊道：“鲁兹·朗！鲁兹·朗……”全场观众也同时响应：“鲁兹·朗！鲁兹·朗……”没有诡谲的政治，没有种族的歧视，没有狭隘的嫉妒，选手和观众都沉浸在君子之争的感动之中。

杰西·欧文斯创造的世界纪录保持了24年。他在那届奥运会上荣获4枚金牌，被誉为世界上最伟大的运动员之一。多年后杰西·欧文斯在回忆录中真诚地说，他所创的世界纪录终究会被打破，但鲁兹·朗高高举起他的手的那一幕却会永远被历史牢记。

在杰西·欧文斯被载入史册的同时，鲁兹·朗也被载入了史册。所不同的是，杰西·欧文斯的荣誉来自于运动场内，是对他展示人类征服自然的能力的褒奖；而鲁兹·朗的荣誉则来自于运动场外，是对他展示人类心灵之美的褒奖。

【心灵悟语】

智者总是豁达大度的，他们宽容、接纳对手，让对手成为自己的朋友。鲁兹·朗的表现充分展现了竞技体育的精神——为对手喝彩，然后暗暗努力，争取下次获胜。这是豁达，是一种积极的人生态度，也是一种优良的心理素质。当一个人为别人而喝彩的时候，就会得到别人的感激之心，别人就会自然而然地为你喝彩，你们就会互相鼓励，尽管最后只有一个成功者，但你们都学会了一种美德——为他人喝彩。

生活中，很多人只知为自己的进步与成功窃喜和欢呼，对别人则常常十分冷漠，无动于衷，很少真心实意地为别人喝彩。其实，为别人喝彩，未必说明你就是弱者。因为为别人喝彩是一种智慧，因为你在欣赏别人的时候，也在不断地提升和完善自我；为别人喝彩是一种美德，你付出了赞美，这非但不会损伤你的自尊，相反还将收获友谊与合作；为别人喝彩是一种人格修养，赞赏别人的过程其实也是矫正自己的狭隘和自私心理，从而培养大家风范的过程。

战胜弱点小贴士：如何改掉斤斤计较的毛病

1. 拥有宽阔的心胸

敞开胸怀，豁达开朗，遇到事情或委屈，不要斤斤计较，不要耿耿于怀，正确对待别人的批评和质疑。

2. 增长阅历

心胸狭隘和见识少密切相连，如果阅历浅，接触社会的机会较少，头脑中积累的知识、经验少，很容易出现认识上的片面性、看问题的绝对化和极端化。偏激认识一旦产生，就会固执己见，容不下有悖于自己观点的人和事。“曾经沧海难为水，除却巫山不是云。”一般来说，人的阅历越广，见识就会越高，心胸就会越开阔，心境就会越恬淡从容。

3. 放弃自私

斤斤计较的人，通常唯我独尊，固执己见，时时处处都从自己的利益出发，在交往中更是极力排斥异己，结果落得个门庭冷落。如果我们为自己确立一个积极的生活目标，把眼光放远一些，自己的得与失也就不算什么，把眼光从狭隘的个人小圈子放出去，抛开“自我中心”，就不会遇事斤斤计较，心底无私才能天地宽。

4. 扩大交际面

心理是对客观现实的能动反映，人的性格、品格都是主体同环境互相影响的结果。人与环境的交流越多、越广泛，人的开放程度就越大，心胸越开阔；越是生活在封闭、抑郁的环境里，胸怀就越小，也就越容易斤斤计较。

5. 充实知识

人的心胸与其知识修养有密切关系。一个人知识多了，立足点就会高，眼界也会相应开阔。此时，就会对一些小事、小利拿得起，放得下，丢得开。斤斤计较的人要多读一些道德修养和人际交往方面的书籍，培养自己的集体主义精神和互助友爱精神。

不要狂妄自大：尊重他人才会有真正的朋友

每个人都需要尊重

尊重他人，是赢得他人尊重的开端。

——奥莱尔

一天，一位中年女人领着她的儿子走进了位于纽约曼哈顿的美国著名企业“巨象集团”总部大厦楼下的花园，他们在一张长椅上坐了下来。

中年女人很生气地在跟儿子说着什么。在离他们不远的地方，一位头发花白的老人正拿着一把大剪刀，修剪花园中的低矮灌木。修剪后的一排灌木都齐胸高，顶部齐刷刷的，就像一道绿色的围墙，漂亮极了。

突然，中年女人从随身的挎包里揪出一团卫生纸，一甩手抛了出去，正好落在刚剪过的灌木上。一团白花花的卫生纸在青翠碧绿的灌木上显得特别刺眼。老人诧异地转过头，朝中年女人看了一眼，中年女人却满不在乎地也看着他。老人什么也没说，走过去，拿起那团纸，将它扔进旁边的垃圾箱里。

接着，老人继续修剪灌木。哪知，中年女人又从挎包里揪出一团卫生纸扔了过去。“妈妈，你要干什么？”儿子奇怪地问。中年女人没有回答，只朝他摆了摆手，示意他不要说话。这次，老人依然没说什么，悄无声息地走过去，将那团纸拾起来扔到垃圾箱里，然后回到原处继续工作。可是，老人刚拿起剪刀，中年女人扔过来的第三团卫生纸又落在他眼前的灌木上。

老人一连捡了中年女人扔的六团纸，但他始终没流露出丝毫不满和厌烦的神色。

稍后，中年女人指着老人对儿子说："我希望你明白，你如果现在不努力学习，将来就跟这个老园丁一样没出息，只能做这些卑微、低贱的工作！"原来，男孩儿的学习成绩不好，中年女人正试图让他明白学习的重要性，而眼前修剪灌木的老人成了再好不过的"活教材"。

中年女人的话也被老人听到了，老人放下剪刀走过来，对中年女人说："夫人，这里是巨象集团的私家花园，按规定只有集团员工才可以进来。"

"那当然，我是'巨象集团'所属一家公司的部门经理，就在这座大厦里工作！"中年女人高傲地说，同时，她掏出一张证件朝老人晃了晃。

"我能借你的手机用一下吗？"老人沉思了一会儿说。

中年女人极不情愿地把自己的手机递给老人。老人拨了一个号码，简短地说了几句话，就把手机还给了那个女人。那个女人收起手机，又借此机会开导儿子道："你看这些穷人，这么大年纪了，连部手机也买不起。你今后一定要努力啊。"

这时，中年女人突然看到巨象集团人力资源部的负责人急匆匆朝自己走来，她忙满面堆笑迎上去。可那位负责人看都没看她，径直走到老人面前，毕恭毕敬地站好。老人指着中年女人对来人说："我现在提议免去这位女士在'巨象集团'的职务！""是，总裁先生。我立刻按您的指示去办！"那位负责人连声答道。

老人吩咐完后，径直走到那中年妇女和小男孩儿面前，他用手抚摸着男孩儿的头，意味深长地说："孩子，我希望你明白，虽然你要学习的东西很多，但你必须首先学会尊重每一个人。等你真正理解并学会怎样尊重别人的时候，你带着你的母亲再来找我。"说完，老人提起大剪刀，向一排未修剪的灌木走去。

【心灵悟语】

尊重是人际交往的桥梁。没有尊重的交往是不可能持续下去的。只有相互尊重，才能相互认可，体验对方的心情，让对方乐于接受。

有时，我们都希望赢得别人的尊重，却往往忽视了尊重别人。“己所不欲，勿施于人”是尊重他人的基本原则。心理学研究表明，人都有友爱和受尊敬的欲望，并且交友和受尊重的希望都非常强烈。人们渴望自立，成为家庭和社会中真正的一员，平等地同他人进行沟通。如果你能以平等的姿态与人沟通，对方会觉得受到尊重，而对你产生好感；相反地，如果你自觉高人一等、居高临下、盛气凌人地与人沟通，对方会感到自尊受到了伤害而拒绝与你交往。

无论处在什么位置，尊重别人与自我尊重一样重要。一个人只有懂得尊重别人，才能赢得别人真正的尊重。

尊重的力量

尊重是人生必须学会的第一个原则，只有会尊重他人的人才会赢得他人的尊重。

——罗兰德

一个颇有名望的美国富商在路边散步时，遇到一个衣衫褴褛、形销骨立的摆地摊卖旧书的年轻人，在寒风中啃着发霉的面包。有过同样苦难经历的富商顿生一股怜悯之情，便不假思索地将8美元塞到年轻人的手中，然后头也不回地走开了。没走多远，富商忽然觉得这样做不妥，于是连忙返回来，从地摊上捡了两本旧书，并抱歉地解释说自己忘了取书，希望年轻人不要介意。最后，富商郑重其事地告诉年轻人说：“其实，您和我一样也是商人。”

富商为什么又从地摊上捡了两本旧书，因为富商明白，这个年轻人更需要自尊，而不是施舍。

两年之后，富商应邀参加一个商贾云集的慈善募捐会议时，一位西装革履的年轻书商迎了上来，紧握着他的手不无感激地说：“先生，您可能早忘记我了，但我永远也不会忘记你。我一直认为，我这一生只有摆摊乞讨的命运，直到你亲口对我说，我和你一样都是商人，这才使我树立了自尊和自信，从而创造了今天的业绩……”

富商万万也没有想到，两年前一句普通的话竟能使一个自卑的人树立了自尊心，一个穷困潦倒的人找回了自信心，一个自以为一无是处的人看到了自己的优势和价值，终于通过自己的努力获得了成功。

不难想象，这位富商当初即使给年轻人很多钱，没有那一句尊重鼓励的话，年轻人也断然不会出现人生的转折，这就是尊重的力量。

【心灵悟语】

与人相处时，不论别人的条件和身份是怎样的，都应该尊重别人的人格。只有尊重了别人，你在别人心目中才有地位，别人才会尊重你。

“人不如己，尊重别人；己不如人，尊重自己。”无论身处何位，尊重别人与自我尊重一样重要。所以，与人交往，不论对方的地位高低、身份如何、相貌怎样，都要尊重他人的人格，使人感到他在你的心目中是受欢迎的，从而得到一种心理上的满足，进而产生愉悦。

尊重他人不仅仅是一种态度，也是一种能力和美德，它需要设身处地为他人着想，给别人面子，维护他人的尊严。

倾听也是一种尊重

倾听是一种习惯，是对人的一种礼貌，更是一门艺术。

——苏霍姆林斯基

美国汽车推销之王乔·吉拉德曾有一次深刻的体验。一次，某位名人来买车，他推荐了一种最好的车型给他。那个人对车很满意，并掏出10000美元现钞，眼看就要成交了，对方却突然变卦而去。

乔·吉拉德为此事懊恼了一下午，百思不得其解。到了晚上11点，他忍不住打电话给那个人：“您好！我是乔·吉拉德，今天下午我曾经向您介绍一辆新车，眼看您就要买下，为什么却突然走了？”

“喂，你知道现在是什么时候吗？”

“非常抱歉，我知道现在已经是晚上11点钟了，但是我检讨了一下午，实在想不出自己错在哪里了，因此特地打电话向您讨教。”

“真的吗？”

“肺腑之言。”

“很好！你用心在听我说话吗？”

“非常用心。”

“可是今天下午你根本没有用心听我说话。就在签字之前，我提到我的儿子吉米即将进入密执安大学念医科，我还提到他的学科成绩、运动能力以及他将来的抱负，我以他为荣，但是你毫无反应。”

乔·吉拉德不记得对方曾说过这些事，因为他当时根本没有注意。乔·吉拉德认为已经谈妥那笔生意了，他不但无心听对方说什么，反而在听办公室内另一位推销员讲笑话。这件事让他领悟到听的重要性，让他认识到如果不能自始至终倾听对方讲话的内容，认同客户的心理感受，难免会失去自己的客户。

【心灵悟语】

学会倾听别人的诉说，也是一种尊重和美德。一个讲话者总希望他的听众认真听他发表的意见。如果你对此漫不经心，或者毫不在乎，这就在一定程度上伤害了他的自尊心，他原来对你的好感也会顷刻化为乌有。如果你要在沟通中赢得他人的好感，那么你首先要做到的便是用心倾听。正如一位心理学家所说：“以同情和理解的心情倾听别人的谈话，我认为这是维系人际关系，保持友谊的最有效的方法。”

在人际交往中，作为尊重他人的一种表现，倾听的作用是非常重要的。心理学研究表明，越是善于倾听他人意见的人，与他人关系就越融洽。因为倾听本身就是褒奖对方谈话的一种方式，你能耐心倾听对方的谈话，等于告诉对方“你是一个值得我倾听你讲话的人”。

人们都喜欢善于倾听的人，倾听是使人受欢迎的基本技巧。人们被倾听的需要，远远大于倾听别人的需要。倾听是心与心的交流。一位伟人曾经说过：“喜欢倾听的民族，是一个智慧的民族；不喜欢倾听的民族，永远不会进步。”善于倾听的人，会有很多朋友。

战胜弱点小贴士：如何做到从内心尊重他人

1. 换位思考

真正做到尊重他人，就要善于站在对方的角度，感同身受，推己及人。

2. 学会欣赏他人

善于欣赏、接纳他人，不做有损他人人格的事，由衷地欣赏和赞美别人的优点、长处，允许别人有超越自己的地方。对别人与自己不同的地方，不排斥，不藐视。

3. 专心倾听对方讲话，并注视对方

与人谈话要注意倾听，并注视着别人，眼光不要飘忽不定。这是一种尊重，也是一种习惯，有人在与别人谈话的时候总是眼睛看着别处，这样给人的感觉是你根本没有在听他讲话，或者说对于他的情况一点也不在意。尊重中有个“重”字，这就表示重视，没有重视何来尊敬？希望大家注意这一点，最起码要有眼神交流。

4. 称呼上要尊重对方

在人际交往中，注意对方的年龄、身份和语言习惯等。如对长辈，要称呼爷爷、奶奶、叔叔、阿姨等，显得既有礼貌又懂事。

5. 尊重他人的人格

人有出身的贫富，也有地位的高低，但是没有人格上的不平等。因此，你千万不要自认为了不起，以居高临下的眼光看人。与人谈话时不要揭他人的隐私，争论时要对事不对人。

6. 礼貌待人

在交往过程中，要语言文明、行为文明，做到言行恰当、分寸合适。对人要亲切热情、举止文雅。

不要表里不一：真诚地对待身边的人

忠诚于朋友

人与人之间，只有真诚相待，才是真正的兄弟姐妹。谁要是算计兄弟姐妹，等于自我欺骗自我。

——哈吉阿布巴卡伊芒

汉代有一位名叫朱晖的人，在其读书的时候，结识了一位名叫张堪的大官，恰好两人是同乡，张堪很器重他。但朱晖认为自己只是一名太学生，不敢与人交往过密。有一次，张堪对朱晖说：“你真是一个自持的人，值得信赖，我愿把身家与妻儿托付给你。”因为张堪是一位德高望重的前辈，朱晖对此言不知该如何反应，只是恭敬地拱手答应。后来，张堪死了，因为为官清廉，死后没留下丰厚的遗产。朱晖其时早已与张堪不通音信，但知道张堪去世的消息后，感于张堪的知遇之恩，便千方百计地对其家人济以钱粮，并经常去问寒问暖。朱晖的儿子不解地问：“父亲，我们以前没有听说过你与张堪有什么深交，你为什么如此厚待他家的人？”朱晖说：“张堪生前曾对我有知己相托之言，我当时已答应了。做人不能欺骗别人，更不能欺骗自己。”朱晖还有一个朋友叫陈揖，两人也十分投机。陈揖过早谢世，留下了一个遗腹子叫陈友。朱晖在陈揖去世后，尽一切力量帮助陈揖。有一次，南阳太守召朱晖的儿子去当僚属，朱晖却拦住了自己的儿子而举荐陈揖的儿子陈友。

朱晖忠诚于朋友可谓达到了极致，为人正直诚恳、言行一致、表里如一，堪称典范。

【心灵悟语】

诚实是一种可贵的品质。一个人只有诚实可信，才能够建立起良好的信誉，才能获得别人的真诚对待。你越是诚实可信，人们越会认为你值得交往和相处。诚实不需要华丽的辞藻来修饰，不需要甜言蜜语来遮掩，它是生命的原汁原味，它是天地之间的一种本真和自然。

大学生拍广告

做一个正直的人，就必须把灵魂的高尚与精神的明智结合起来。

——爱尔维修

曾有一位经济拮据的女学生在高考中以优异成绩被某名牌大学录取，她却为学费而忧虑。一家生产健脑口服液的企业获得这一信息后表示愿意出一万元资助她，条件是要她做一则电视广告，说是服了这家企业生产的健脑口服液才变得头脑敏捷，一举夺魁的。

拍一则几秒钟的广告就可取得如此丰厚的报酬，以解燃眉之急，何乐而不为呢？可她没有答应，她说：“我家清贫，上中学的学杂费都是父母东拼西凑的。我从来没喝过口服液，也根本喝不起。因为老师的辛勤教诲和自己的刻苦攻读，我才取得这样好的成绩。如果我违心地做了这个广告，今后在社会上还怎么做人？”多实在的话！它折射出一个正直学生美好心灵的闪光。

一万元的资助，对一个家境贫寒而又急需钱用的学生来说是一笔诱人的数目，可她毫不动心，断然谢绝。这一举动，展示着当代青年的精神风貌和人生价值。

女大学生坚守自己的道德底线，以正直的行为，给社会带来了巨大的精神财富。最终，她交了一份质量很高的人生答卷。

【心灵悟语】

正直的品质是个人成功最重要的资本，是人最核心的竞争力。具有正直品质的人，总是会时常从内心爆发出积极的力量，可以说，正直是推动一个人不断前进的动力。

正直意味着自己具有很强烈的责任感，并且高标准地要求自己，随时准备服从自己的良知，勇于坚持自己的信念。一个人有了正直的品德，对自己要求严格，不谋私，不贪利，不文过饰非，不隐瞒自己的观点，不偷奸耍滑；对他人不阿谀奉承，不溜须拍马，不阳奉阴违，不包庇坏人坏事；处理事情，敢于主持公道，伸张正义，抨击邪恶，不怕打击报复……总之，能堂堂正正光明磊落地做人。

真诚的回报

人与人之间，只有真诚相待，才是真正的朋友。谁要是算计朋友，等于自己欺骗自己。

——哈吉

20世纪中叶，美国有两位热血青年，一位叫李斯特，一位叫乔治。他们的父亲都是服装经营者。为了更好地拓展家族生意，两个青年人打算去比灵斯开办工厂。他们的父亲都很赞赏儿子的想法，认为这样既可以锻炼经商和管理能力，又开发了新的市场。李斯特和乔治各自向父亲借了1万美元，便一起出发了。

李斯特想，他必须比乔治先到达比灵斯，只有抢占了好的地段才有胜利的把握，于是他退掉火车票改乘了飞机。乔治也将火车票退掉了，却没打算坐飞机，他改乘了汽车。

李斯特很快在比灵斯繁华地段租好了厂房，并招了不少工人。可乔治还未到达目的地，因为他此时正坐在汽车里与人们聊天，观察人们身上都穿着什么款式的服装，问人们最喜欢穿怎样的服装。他坐客车辗转了半个月才到达比灵斯，然后，他在一个比较偏僻的郊区租了厂房。

李斯特生产的服装没人要，而乔治的服装却卖得很火。李斯特便花高价雇人去偷窃乔治的秘方，发现乔治做的服装跟当地人穿的是一种款式。李斯特很快大量生产出了和乔治相同的服装，并且也得到了当地人的认可。可突然一股强烈的金融风暴席卷了整个美国，李斯特和乔治的工厂都受到了影响。李斯特支撑不住了，只得又向父亲借了1万美元，可是过了不久，他还是感到很吃力，仓库里的货越积越多。李斯特只得一边低价处理积压品，一边疯狂裁员，许多员工被借故炒掉，工资也被无故克扣，弄得员工们怨声四起。

此时，乔治的工厂也受到了前所未有的挑战。乔治将所有工人都聚在广场上开始了他的演讲："我亲爱的姐妹们、兄弟们，现在公司面临着倒闭的危险。如果大家愿意与我一起坚守，那么就暂时不领薪金，只领取少量生活费。只要公司渡过了难关，我保证双倍奉还。如果有不信任公司或者另有好去处的，我也当你是朋友，你马上就可以领走这个月的薪金，等公司发展壮大后再回来。"

员工们在静默了半分钟后纷纷决定留下来，并且还为公司捐出了好几千美元，乔治为此流下了感动的泪水。他坚信只要公司不倒，撑过了这段日子肯定会有好转的，他不但与员工们同吃同住，还不断给员工们以精神上的鼓励。最终他带领员工们咬牙熬过了那段艰难的日子。当风暴过后，经济果然复苏了。李斯特因实在撑不下去而打道回府，而乔治却赚了个盆满钵盈。李斯特以前的员工们也纷纷投靠了乔治，他没有食言，所有员工们的福利都随着公司的效益而有所提高。乔治还表示，如果公司盈利增加，员工们的福利也将继续增加。

选择了逃离的李斯特得知乔治成功的消息后，心里很不是滋味，这次他没有请人来偷艺，而是决定亲自来乔治的工厂看看。令他不解的是，乔治的厂房并不漂亮，员工的素质也并不高，更令他不解的是，乔治开始给他们的薪金还没有他当初给的高！

“那么，”李斯特很不理解地问，“你究竟是怎样成功的呢？”乔治平静地答道：“因为我投资的并不是金钱，而是真诚，我真诚地给了员工们一个家的归宿感，员工们回报我的也是一样，他们手里的机器生产的不是服装，而是真诚！”

【心灵悟语】

真诚是为人的根本。那些取得巨大成功的人都有许多共同的特点，其中之一就是为人真诚。如果你是一个真诚的人，人们就会了解你、相信你，不论在什么情况下，人们都知道你不会掩饰、不会推托，都知道你说的是实话，都乐于同你接近，因此你也就容易获得好人缘。

人与人的感情交流具有互动性。一个人如果要想与人成为知心朋友，首先得敞开自己的胸怀。要讲真话、实话，切忌遮遮掩掩、吞吞吐吐、令人怀疑，要以你的真诚去换取别人的真诚。请记住：只有真诚对待对方，才能赢得对方的信赖。

战胜弱点小贴士：如何真诚对待他人

1. 以诚待人

诚恳能带来朋友间心灵的共鸣、精神的寄托、思想的交融。无论是亲朋好友，还是素不相识的陌生人，我们都要真诚相待，用自己的真诚，换取他人的真心。

2. 真诚待人要发自内心

要做到真诚，不能在外表上下功夫。说话表情虽好，而你的内心不诚，至多是巧言令色罢了。对方如不是糊涂之辈，一定会看出你的虚伪。相反，内心真诚，即使拙于表达，也能体现出你的真诚。你的真诚，必能感人。

3. 不要欺骗他人

欺骗也许能得一时之利，却不能维持长久。如果时间久了，你的欺骗被人察觉，即使你想要显得真诚，仍会被认为是另一种姿态的虚伪。因此，一生不可有任何欺骗行为。

4. 要做到实事求是，始终如一

要做老实人，说老实话，办老实事，不溜须拍马、阿谀奉承。与人交往要始终如一。在他人处于顺境中时，要相互尊重，相互学习。在他人处于逆境时，要热情帮助，敢于为人讲真话，而不能冷淡疏远，更不能乘人之危落井下石。

第七章　战胜思维弱点，创造辉煌的人生

不要不思进取：这样只能居于人后

流浪艺人的遗言

不断的奋斗就会走上成功之路。

——孙中山

从前，有个流浪的艺人，虽然才四十几岁，但是骨瘦如柴，面容枯槁，医生诊断结果是肝癌晚期。临终前，他把年仅16岁的儿子找来，叮咛着：“你要好好读书，不要像我少壮不努力，老大徒伤悲。我年轻时好勇斗狠，日夜颠倒，离不开烟酒，正值壮年就得了绝症。你要谨记在心，不要再走我的老路。我没读什么书，没什么大道理可以教你，但你要记住把‘少壮不努力，老大徒伤悲’这句话传下去。”

说完，艺人咽下最后一口气，十六岁的儿子懵懵懂懂地站在一旁。

长大后，他的儿子仍然在酒家、赌场闹事，有一次与客人起冲突，因出手过重而闹出人命，被捕坐牢。出狱后，人事全非，发觉不能再走老路，但是却无一技之长，无法找个正当的工作，只好下定决心，回到乡下，靠做一些杂工维生。

由于他年轻时无法体会父亲交代的遗言，耽误了终身大事，年近半百才成婚。虽然年事渐长，逐渐能体会父亲临终前交代的话，但似乎为时已晚。他的体力一天不如一天，一年不如一年，面对着无法撑持起来的家，他心里有着无限的忏悔与悲伤。

有个夜晚，他喝了点儿酒，带着酒意，把十六岁的儿子叫到跟前。他先是一愣，这不就是当年十六岁的自己吗？父亲临终前交代遗言的景象在脑海中显现，他有些自责地喃喃自语：“我怎么没把那句话听进去啊？”

他说着，眼泪直淌。儿子站在面前，懂事地安慰着：“爸爸，您喝醉了，早点休息吧！”

“我没有醉，我要把你爷爷交代我的话告诉你，你要牢牢记住。”

“爸爸，什么话这么重要呀？”

“当年你爷爷临终时交代我不可以‘少壮不努力，老大徒伤悲’，我没听进去，也没听懂。结果我费尽一生才体会出这一句话的道理，但为时已晚。”

“这句话不是人人都知道吗？”

“是啊。但是，并不是每个人都愿意努力从年轻时就努力奋发向上。一定要年轻时就学好，不然老了就像我一无是处。你一定要认真对待这句话。希望你好好做人，将来儿孙都能成才，不必再把这句话当遗言交代了。”

【心灵悟语】

正所谓：“少壮不努力，老大徒伤悲。”人的青春只有一次，如果年少时不努力奋进，风华正茂的时代一旦过去，到了垂暮之年，就会为自己的青春岁月感到悲伤和惋惜。虽然这个道理大多数年轻人都知道，但是又有几个人真正地做到了呢？

人生一世，草木一秋。人，应该活得有意义有价值，而不是让生命在蹉跎中度过，在无为中结束。生命的伟大在于拼搏和奋斗，想让自己的生命变得辉煌精彩，那么你就应该学会努力，并敢于奋力追求，挥洒汗水去谱写人生辉煌的乐章。

超高难度的乐谱

最具挑战性的事莫过于提升自我。

——迈克尔·F·斯特利

在一堂钢琴练习课上，一位音乐系的学生坐在钢琴旁，看着钢琴上摆着一份全新的乐谱。

“太难了吧！我这种水平怎么能弹这样的曲子啊……”他翻着乐谱，摇着头说道。他感觉自己对弹奏钢琴的信心似乎跌到谷底，消磨殆尽。这已经是第三个月了！自从他跟了这位新的钢琴指导教授之后，他总是觉得教授是在存心以这种方式整他。他勉强打起精神，开始用自己的十指在钢琴上弹练这些高难度的曲子，琴音盖住了教室外面教授走来的脚步声。

指导教授是个极其有名的音乐大师。授课的第一天，他给自己的新学生一份乐谱。“试试看吧！”他说。乐谱的难度颇高，学生弹得生涩僵滞、错误百出。“还不熟练，回去好好练习！”在下课时，教授如此叮嘱学生。

学生不停地练习了一个星期，第二周上课时正准备让教授验收，没想到教授又给他一份难度更高的乐谱：“试试看吧！”学生再次挣扎于更高难度的技巧挑战。

第三周，更难的乐谱又出现了。同样的情形持续着，学生每次在课堂上都被一份新的乐谱所困扰，然后把它带回去练习，接着再回到课堂上，重新面临难度加倍的乐谱，却怎么样都追不上进度，一点儿也没有因为反复练习而有驾轻就熟的感觉。学生感到越来越不安、沮丧和气馁。

又到了上课的时间，教授走进练习室。学生再也忍不住了。他必须向钢琴大师提出这三个月来何以不断折磨自己的问题。

教授没开口，他抽出最早的那份乐谱，交给了学生。“弹奏吧！”他以坚定的目光望着学生。

不可思议的事情发生了，连学生自己都惊讶万分，他居然可以将这首曲子弹奏得如此美妙、如此流畅！教授又让学生试了第二堂课的乐谱，学生依然有超高水准的表现……演奏结束后，学生怔怔地望着老师，说不出话来。

“如果我任由你表现最擅长的部分，可能你还在练习最早的那份乐谱，就不会达到现在这样的程度……”钢琴大师缓缓地说。

【心灵悟语】

任何成功者都不是天生的，成功的根本原因是开发了人的无穷无尽的潜能。每一个人的内心都有相当大的潜能。正如爱迪生所说：“如果我们做出所有我们能做的事情，我们毫无疑问会使我们自己大吃一惊。” 的确，每个人都拥有自己难以估量的潜能，如果不思进取，就是辜负了自己的潜能。只有以积极进取的态度投入到生活和学业中，才能把自己潜在的聪明才智最大限度地发挥出来。

在生活中，激发潜能是为了使我们的能力和聪明才智充分地发挥出来，为我们的事业打下坚实的基础，使我们在人生的道路上不断地超越自我，挑战自我，充分体现自我的人生价值，创造美好的人生！

推销之神原一平

一个人追求的目标越高，他的能力发展得越快。

——高尔基

在日本寿险业，原一平是一个声名显赫的人物。日本有近百万的寿险从业人员，其中很多人不知道全日本前20家寿险公司总经理的姓名，却没有一个人不认识原一平。他的一生充满传奇色彩，从被乡里公认为无可救药的小太保，最后成为日本保险业连续15年全国业绩第一的“推销之神”，最穷的时候，他连坐公共汽车的钱都没有。可是最后，他终于凭借自己的毅力，成就了自己的事业。

1936年，原一平的销售业绩在公司中已经是名列第一的，但他并没有因此而满足，仍然保持着强烈的进取心。他构想了一个大胆而又独特的销售计划，想找保险公司的董事长串田万藏要一份介绍日本大企业高层人员的推荐函，大幅度、高层次地推销保险。因为串田先生不仅是明治保险公司的董事长，还是三菱银行的总裁、三菱总公司的理事长，是整个三菱财团名副其实的最高首脑。原一平通过他经手的保险业务，不但可以打入三菱的所有组织，而且还能打入与三菱相关的最具代表性的全部大企业中。

但原一平并不知道保险公司早有被严格遵守的约定：凡是从三菱来明治工作的高级人员，绝对不介绍保险客户，当然这也包括董事长串田在内。

为了突破性的构想，原一平坐立不安，他咬紧牙关，发誓要实现自己的销售计划。他非常有信心地推开了公司主管销售业务的常务董事阿部先生的门，请求他代向串田董事长要一份推荐函。阿部听完原一平的计划后，默默地瞪着原一平不说话，过了很久，阿部才缓缓地说出了公司的约定，回绝了原一平的请求。原一平却不肯打退堂鼓，问道：“常务董事，能不能自己去找董事长，当面提出请求？”阿部的眼睛瞪得更大了，更长时间的沉默之后，说了五个字：“姑且一试吧。”说完，就挤出一丝笑容，把原一平打发出门了。

过了几天，原一平终于接到了约见通知，兴奋不已的他来到三菱财团总部。层层关卡和漫长的等待把原一平的兴奋劲儿耗去大半。他疲乏地倒在沙发里，迷迷糊糊地睡着了。不知过了多长时间，原一平的肩头被戳了几下，他愕然醒来，狼狈不堪地面对着董事长。串田大喝一声：“找我有什么事？”原一平还没有清醒过来，当即就被吓得差点说不出话来，想了一会儿才结结巴巴地讲了自己的销售计划，刚说出：“我想请您介绍……”串田就截断他的话："什么？你以为我会介绍保险这玩意儿？"

原一平在来这里之前就想到过自己的请求会被拒绝，还准备了一套辩驳的话，但万万没有料到串田会轻蔑地把保险业务说成"这玩意儿"。他被激怒了，大声吼道："你这混账的家伙！"接着又向前跨了一步，串田连忙后退一步。"你刚才说保险这玩意儿，对不对？公司不是一向教育我们说：'保险是正当的事'吗？你还是公司的董事长吗？我这就回公司去，向全体同事传播你说的话。"原一平说完转身就走了。

一个无名的小职员竟敢顶撞、痛斥高高在上的董事长，使串田十分生气，但对小职员话中"等着瞧"的潜台词，又不得不认真地去思索。

原一平走出三菱大厦后，心里非常不平静，他为自己的计划被拒绝又是气恼又是失望。他无可奈何地回到保险公司，向阿部说了事情的经过，刚要提出辞职，电话铃响了，电话是串田打来的。他告诉阿部，原一平刚才对他的恶语相加，他十分生气，但原一平走后他反复思考，改变了主意。串田接着说："保险公司以前的约定确实有偏差，原一平的计划是正确的。我们也是保险公司的高级职员，理应为公司贡献一分力量，帮助拓展业务。我们还是参加保险吧。"

放下电话，串田马上召开临时董事会。会上决定，凡三菱的有关企业必须把全部退休金投入明治公司，作为保险金。原一平的顶撞和痛斥，不仅赢得了董事长的敬重，还获得了董事长日后充满善意的全面支援。他慢慢地实现了自己的宏伟计划：3年内创下了全日本第一的推销纪录，15年里一直保持着全国推销冠军，连续17年推销额达百万美元。

正是由于原一平有着积极的进取之心，他才能取得出色的成绩。

【心灵悟语】

进取心是一个人前进的动力。完成使命和创造成就的动力，就是来自于进取心，它激励着人们不断向自己新的奋斗目标前进。在生活中，有进取心的人，往往有理想、有志气，积极肯干，不怕困难。

进取心是成功的关键因素。如果一个人具有进取心，证明他具备常人所没有的能力。有了进取心，他就会在生活与工作中充满激情，才会更有可能先于他人抵达成功的彼岸。

战胜弱点小贴士：如何成为一个有进取心的人

1. 树立目标

目标就是方向，目标就是动力。有了目标，人前进就有了方向，就要沿着这个方向走下去；有了目标，就会有动力推动自己向前进。当自己的目标一个一个实现的时候，更能体会到人生的乐趣和意义。

2. 养成良好的习惯

养成一种积极而坚定地追求明确目标的习惯，一直到实现这一目标为止。还必须克服拖延的习惯，把它从性格中除掉。

3. 多与自信的人接触和来往

“近朱者赤，近墨者黑。”你若常和悲观失望的人在一起，你也会萎靡不振。若你经常与胸怀宽广、自信心强的人接触，你一定也会成为这样的人。多与有志向、有信心的人交朋友吧!

4. 自我心理暗示

不断对自己进行正面心理强化，避免对自己进行负面强化。当你碰到困难时，一定不要放弃。要坚持对自己说“我能行”“我很棒”“我能做得更好”等。你重复对自己念叨有信心的词语，是一种很重要的正面心理暗示，有利于不断提升自己的自信心和进取心。这已为心理学的研究所证实。

不要好高骛远：踏踏实实从小事做起

好高骛远做不成事情

振兴世界的唯一办法是人人都做好眼前工作。切不可好高骛远，只求大功。

——查·金斯莱

1871年的春天，英国蒙特瑞综合医科学校的学生威廉斯勒对自己人生中的问题感到很困惑。他不明白应该怎么处理远大的理想和具体的身边小事的关系，不明白一个人应该有什么样的做事态度才能成功。他渴望成功，但对身边的小事又觉得没有什么意义。他甚至以为现在的学校生活枯燥乏味，没什么值得用心的事。因而他的成绩每况愈下。他找他的老师探讨这些复杂的人生问题。他的老师推荐他阅读哲学家卡莱里写的一本哲学启蒙读物。老师说，这本书里或许有答案，能帮助他解决问题。

威廉斯勒是一个意志很坚定的青年，他一向不崇拜大人物，更不相信所谓的名人名言，对许多问题一向有自己的独到见解。但既然是老师推荐的，他想或许真的有用，于是拿过书漫不经心地浏览起来。

突然间，书中的一句话让他眼前一亮：“最重要的，就是不要去看远方模糊的东西，而是要做手边最具体的事情。”他恍然大悟，是啊，不论多么远大的理想，都需要一步步去实现啊！不论多么浩大的工程，都需要一砖一瓦垒起来啊！

他想明白了，他的困惑解决了，他终于找到了人生的答案。他知道，那些远大的理想，应该让它们高悬在未来的天空里，最紧要的，是把自己手边的每一件具体的事情做好。

也就是从那一刻开始，1871年春天的一个下午，年轻的威廉斯勒开始埋头读书，因为他知道这是他目前最紧要的事情，他要把自己的成绩提上去。半个学期以后，威廉斯勒一跃成为整个学校最优秀的学生。

两年以后，威廉斯勒以全校最优异的成绩毕业。毕业后他来到一家医院做医生，他认真对待每一位患者，对每一次出诊都一丝不苟。兢兢业业的态度和精益求精的精神，使他很快成为当地的一位名医。

几年以后，他创办了约翰·霍普金斯学院。他把自己的人生态度贯彻到每一个细节里。许多专家学者慕名来到他的学院工作，他的学院很快成为英国乃至世界最知名的医学院之一。

【心灵悟语】

做人、做事讲究的就是脚踏实地，正像万丈高楼平地起一样。要极有耐心地从砌一块砖、建一堵墙做起。一心想速成，是不现实的。只有在基础性的工作中才会学到真本领，踏上理想的坦途。

事实表明，一个人只有在经过了“做小事”并“做好小事”的“炼狱”之后，才有可能到达“成大器”的“天堂”。为什么想干大事的人很多，干成大事的人却很少？原因也许正在这里。如果你总是这山望着那山高，那么，你很难取得成功；相反，如果你做事认真、踏实，那么，无论做什么事情都会有所成就。所以，我们就应该杜绝浮躁，摒弃好高骛远，要踏实努力，埋头苦干，以“笨功夫”练就自己的“真本事”。

抄写手稿

各人有各人的才能，可是有些人眼红别人的名望，总想在他所做不了的工作上一显身手。依我说呢，为人要明白事理：如果你盼望成功，就得根据自己的才能做事，不要好高骛远。

——克雷洛夫

1862年，德国哥廷根大学医学院的亨尔教授迎来了他的新生。在对新生进行面试和笔试后，亨尔教授脸上露出了笑容，但他马上又神色凝重起来。因为他隐约感觉到这届学生中的很大一部分人是他教学生涯中碰到的最聪明的苗子。

开学不久的一天，亨尔教授突然把自己多年积累下来的论文手稿全部搬到教室里，分给学生们，让他们重新仔细工整地誊写一遍。但是，当学生们翻开亨尔教授的论文手稿时，发现这些手稿已经非常工整了。几乎所有的学生都认为根本没有重抄一遍的必要，觉得做这种没有价值而又繁重枯燥的工作是在浪费自己的青春和生命。有这些时间，还不如发挥自己的聪明才智去搞研究。他们的结论是，傻子才会坐在那里当抄写员。最后他们都去实验室里搞研究去了。

让人想不到的是，竟然真有一个“傻子”坐在教室里抄写教授的论文手稿，他叫科赫。一个学期以后，科赫把抄好的手稿送到了亨尔教授的办公室。看着科赫满脸疑问，一向和蔼的教授突然严肃地对他说：“我向你表示崇高的敬意，孩子！因为只有你完成了这项工作。而那些我认为很聪明的学生，竟然都不愿做这种繁重乏味的抄写工作。我们从事医学研究的人，不光需要聪明的头脑和勤奋的精神，更为重要的是一定要具备一种一丝不苟的精神，普通人往往急于求成，容易忽略细节。可是你要知道，医学上走错一步，就是人命关天的大事啊！而抄那些手稿的工作，既是学习医学知识的机会，也是一种修炼心性的过程。”

这番话深深触动了科赫年轻的心灵。在此后的学习和工作中，科赫一直牢记导师的话，他老老实实做“最傻的人”，一直保持严谨的学习态度和研究作风。这种做事风格使他在人类历史上首次发现了结核菌、霍乱菌。而第一个发现传染病是由于病原体感染而造成的人，也是这位叫科赫的“最傻的人”。1905年，鉴于在细菌研究方面的卓越成就，瑞典皇家学会将诺贝尔生理学与医学奖授予了科赫。

【心灵悟语】

成功人生，往往就从小事开始。点滴的小事之中蕴藏着丰富的机遇，不要因为它仅仅是一件小事儿不去做。立大志，干大事，精神固然可嘉，但只有脚踏实地从小事做起，从点滴做起，不放过各种锻炼的机会，才不会与机遇失之交臂，才会在社会中找到立足之地。有时，一件小事往往可以反映出一个人做事的态度，可以成为我们成功的契机。要知道，只有善于做小事的人才能做成大事。

然而现实中，总有这样一些人老想着干大事，不屑于做小事，即使做了，也老大不情愿，心理上觉得不舒服、受委屈。有这样心态的人小事肯定干不好，连小事都干不好的人，怎么能干大事呢？

找工作

凡事都要脚踏实地去做，不驰于空想，不骛于虚声，而唯以求真的态度作踏实的工夫。以此态度求学，则真理可明；以此态度做事，则功业可就。

——李大钊

小赵大学毕业后，像其他学生一样顺利敲开了第一家用人单位的大门。在填写招聘简历的工资待遇一栏内，他毫不犹豫地填上了5000元。而且他心里还想着如果少给一分他都不干，因为在学校的时候，同学就跟他说，这不仅是钱的问题，要是自己的工资比别人少，就意味着自己没用。

考官很高兴地接过他的简历，迫不及待地看了起来，当看到工资待遇那一栏时，小赵发现他的眉头皱了皱，然后很客气地跟小赵说："你先回去吧，我会在一个星期之内通知你的。"小赵在走出公司大门以后，有点儿失落，因为他知道让自己回去等通知意味着什么，他心里想："莫非我的要价太高？"

第二天，小赵为了生活只得再去另一家公司试试。面试的情况跟前一次差不多，只是当他填写工资待遇一栏时，他犹豫了一下，最后还是写上了4000元。他想，这个数肯定没问题。没想到和第一次的结果一样，考官还是让他回去等结果。

又一连试了几家公司，当他再次填工资待遇一栏时，他咬咬牙写了3000元。令他痛苦万分的是，这次跟前面多次的结果还是一样！他心里想着："天啊！听别人说南方遍地是黄金，看来这里的钱也不是那么好赚的。"

所以，当他再次面对工资待遇一栏时，他没有下笔，而是让其空在那里。考官微笑着走进了总经理室，总经理很快便接见了他。总经理说，如今很多大学生都很浮躁，你是来我公司应聘的大学生中第一个没提薪水要求的。总经理说，试用期为一个月，试用期工资为2000元……终于找到一份工作了，小赵几乎没等总经理把话说完，就忙着点了点头。

一个月后，他领到了第一份薪水，6000元整，当时他吃惊得眼睛都直了！总经理说："你工作能力强，而且勤奋踏实，不讲条件。你被提前录用了，所以取消了试用期，待遇当然要跟其他职员一样了。"

【心灵悟语】

在现实社会中，如果你想走出一条路来，那么就要放低自己的身价，也就是放下你的学历、放下你的家庭背景、放下你的工作经验、放下你的身份，让自己回归到普通人中。有些时候，如果你直接把自己的位置定得很高，会让对方很难接受。这时，你不妨先将自己降低几个层次，从一些小事、基本的事情做起，让对方在这些过程中逐渐认清你的才华，从而自觉地把你放在相应的位置上。

战胜弱点小贴士：如何改掉好高骛远的毛病

1. 从简单的事做起

在今天这个社会，几乎所有的年轻人都胸怀大志，满腔抱负，但是成功往往都是从点滴开始的，甚至是细微的地方。如果不遵守从小事做起的原则，必将一事无成。所以，凡事不要急功近利。先要历练心境，沉淀情绪，从零做起，从小事做起。本着务实求真的精神去客观、切实地积累经验，逐渐培养注重细节的思维方式和行为习惯。

2. 从细微处入手

不论什么事，实际上都是由一些细节组成的。注重细节是每一个环节都能透出一丝不苟的严谨，真正做到了环环相扣、疏而不漏。我们要把细节当作一件大事来做，花大力气做，把事做细、做透、做全面，才能把事情做好。生活的一切其实都是由细节构成的，细节看似偶然，实则孕育着必然，中国有句名言：“细微之处见精神。”要想不出现失误，就必须从最细微之处入手。

3. 避免任何细节的失误

现代商业的成败，在很大程度上都是由细节决定的。大笔的金钱投入，往往只是为了赚取百分之几的利润。任何一个细节的失误，都有可能将这些利润完全吞噬掉。所以，对于工作的细节和生活的小节，每个人都没有理由不去重视。

不要迷失自我：要有所成就首先要了解自己

寻找自己的优势所在

智慧的基础就是认识自己。

——纪伯伦

多年以前，一个年轻的退伍军人来找戴尔·卡耐基，他想要找一份工作，但是他觉得很茫然也很沮丧。他只希望能养活自己，并且找到一个栖身之处就够了。

他黯然的眼神告诉卡耐基，哀莫大于心死。这个年轻人前途大有可为，却胸无大志。卡耐基非常清楚，是否能够赚取财富，都在他的一念之间。

于是卡耐基问他：“你想不想成为千万富翁？赚大钱轻而易举，你为什么只求卑微地过日子？”

“不要开玩笑了，”他回答，“我肚子饿，需要一份工作。”

“我不是在开玩笑，”卡耐基说，“我非常认真。你只要运用现有的资产，就能够赚到几百万元。”

“资产？什么意思？”他问，“我除了穿在身上的衣服之外，什么都没有。”

从谈话之中，卡耐基逐渐了解到，这个年轻人在从军之前，曾经是一家公司的业务员，在军中他也学得一手好厨艺。换句话说，除了健康的身体、积极的进取心，他所拥有的资产还包括烹调的手艺及销售的技能。

当然，推销或烹饪并无法使一个人晋身百万富翁，但是这个退役军人找到自己的方向，许多机会就呈现在眼前。

卡耐基和他谈了两个小时，看到年轻人从绝望的深渊中走出来，变成积极的思考者。一个灵感鼓舞了卡耐基："你为什么不运用销售的技巧，说服家庭主妇，邀请邻居来家里吃便饭，然后把烹调的器具卖给他们？"

卡耐基借给年轻人足够的钱，让他买一些像样的衣服及第一套烹调器具，然后放手让他去做。第一个星期，他卖出铝制的烹调器具，赚了100美元。第二个星期他的收入翻倍。然后他开始训练业务员，帮他销售相同样式的成套烹调器具。4年之后，他的年收入超过100万美元，并且自行设厂生产烹调器具。

【心灵悟语】

年轻的退伍军人之所以取得了成功，关键在于他找到了自己的优势，并将其恰如其分地运用到工作之中。如果我们也能准确地发现并发挥自身的优势，用积极向上的心态对待人生规划，那我们也一定会扬起理想的风帆驶向成功的彼岸，我们的人生也一定会是一幅美丽的画卷。

人生成功的诀窍在于经营自己的长处，找到发挥自己优势的最佳位置。现实生活中，每个人对自己的人生道路、对自己的优势都应该进行一番设计，保持理性，认清方向，就可以少走弯路，事半功倍，早日成功。在人生的路上，只要善于发掘和利用自己的优点，就会成为一个成功的人。

认识你自己

世界上最重要的事就是认识自我。

——蒙泰涅

从前，有一块铁，不知道金子长什么样子，自以为自己是一块金子。

有一天，这块铁遇到了一个铁匠，铁匠说：“如果你愿意的话，我要把你打造成一把锋利的宝剑。”铁却说：“我是一块金子，为什么要把自己打成宝剑？”

“你只是一块铁，并不是金子。”铁匠摇摇头，遗憾地走了。在被告知自己不是金子后，铁便踏上寻金之路。

有一天，铁遇上了一块铜。铜浑身黄灿灿的，熠熠发光。铁高兴地说：“你在发光，你一定是金子！”铜说：“不，我不是金子，我是铜。金子比我光亮的多。”于是，铁很失落，又继续上路寻找金子。

在路上，铁又遇见一块银子，闪闪发亮。铁激动地说：“金子，你好啊！”银子看看铁说：“你认错了，我是银子。金子是黄灿灿的。”

铁很失望，继续向前走。终于有一天，铁看见了金子。被金子的光晃得头晕目眩。铁说：“你就是世界是最名贵的金子吧？”金子对铁说：“我是金子，但还不是最名贵的，这个世界比我名贵的东西多的是。”

此时，铁很伤心，心想自己永远也不能成为一块金子了。金子对铁说：“每个人都有每个人的作用，只有认识自己，才能发挥最大的潜力。正如锋利的宝剑永远也不会由金子做成。你还年轻，还需要锻炼。”

听了金子的话，铁认清了自己的能力，找到了自己的价值所在。于是，铁便回家了。它找到那个铁匠，终于把自己炼成了一把锋利的宝剑。

【心灵悟语】

一个人要追求成功，必须先认识自我。只有清楚地认识自己，才会明白自己需要什么，才会知道自己能做什么，才能把握自我，完善自我。

古人云："人贵有自知之明。"这是人们对自我认识的正确态度，是成功者的经验之一。认识自己能使人感到个人力量的渺小，冷静评价个人的能力，能够促使自己更好地把握个人的抉择，并有效地进行自我管理，这样才能够给自己有一个正确的定位，给自己设置正确的目标，让自己充分发挥潜能。

保持本色

一个人最糟的是不能成为自己，并且在身体与心灵中保持自我。

——基尔凯曾

蜚声世界影坛的意大利著名电影演员索菲亚·罗兰能够成为令世人瞩目的超级巨星，是和她对自己价值的肯定以及她的自信心分不开的。

为了生存，也是出于对电影事业的热爱，16岁的索菲亚·罗兰来到了罗马，想在这里涉足电影界。没想到，她第一次试镜就失败了，所有的摄影师都说她够不上美人标准，都抱怨她的鼻子和臀部不好看。没办法，导演卡洛·庞蒂只好把她叫到办公室，建议她把臀部削减一点儿，把鼻子缩短一点儿。一般情况下，许多演员都对导演言听计从。可是，小小年纪的索菲亚·罗兰却非常有勇气和主见，拒绝了对方的要求。她说："我当然懂得因为我的外形跟已经成名的那些女演员颇有不同，她们都相貌出众，五官端正，我却不是这样。我的脸毛病太多，但这些毛病加在一起反而会更有魅力呢。如果我们的鼻子上有一个肿块，我会毫不犹豫把它除掉。但是，说我的鼻子太长，那是无道理的，因为我知道，鼻子是脸的主要部分，它使脸具有特点。我喜欢我的鼻子和脸的本来的样子。说实在的，我的脸确实与众不同，但是我为什么要长得跟别人一样呢？”

“我要保持我的本色，我什么也不愿改变。”

“我愿意保持我的本来面目。”

正是由于索菲亚·罗兰的坚持，使导演卡洛·庞蒂重新审视并真正认识了索菲亚·罗兰，开始了解她并且欣赏她。

索菲亚·罗兰没有对摄影师们的话言听计从，没有为迎合别人而放弃自己人个性，没有因为别人而丧失信心，所以她才得以在电影中充分展示她与众不同的美。而且，她的独特外貌和热情、开朗、奔放的气质开始得到人们的承认。后来，她主演《两妇人》获得巨大成功，并因此而荣获奥斯卡最佳女演员奖金像奖。

【心灵悟语】

每个人生来就是独一无二的，模仿别人，便是扼杀自己。不论好坏，你都必须保持本色，自己的本色是自然界的一种奇迹，也是上苍给每个人最好的恩赐。记住，你就是你，永远不要活在别人的影子里，因为你不是别人的翻版。

战胜弱点小贴士：如何正确认识自己

1. 通过他人评价认识自己

我们都知道“旁观者清”“以人为镜，可以明得失”，在认识自己的过程中，我们要主动向他人了解自己。我们要虚心听取他人的评价，同时又要客观、冷静地分析他人的评价，以便从不同的角度来认识自己。

2. 通过比较认识自己

自我观察和他人评价难免会有各自的主观投射，因此，我们可以通过合理的比较更好地认识自己。我们把现在的自己与过去的自己进行纵向比较，与同龄人或者有类似条件的人进行横向比较，通过更全面的比较来正确认识自己。

3. 通过反思总结认识自己

孔子曰："吾日三省吾身。"这说明了古人也懂得内省的重要。我们不仅应该依据他人的态度来观察自己，认识自己，更主要的还应通过内省来认识自己。多写日记多记录自己，及时归纳和总结自己的优点与不足，更好地把握自我。

不要墨守成规：否则你无法找到属于自己的路

傻瓜相机的诞生

一些陈旧的、不结合实际的东西，不管那些东西是洋框框，还是土框框，都要大力地把它们打破，大胆地创造新的方法、新的理论，来解决我们的问题。

——李四光

为满足市场需要，日本一家公司的科技人员开始设计一种新的小型自动聚焦相机。所谓自动聚焦，就是相机要根据拍摄的对象，自动测量距离，然后镜头做相应的调整，自动定好焦距。设计这种相机有几个必须达到的基本要求：小巧轻便，容易操作，而且要成本低廉。

按照当时的技术水平和条件，在相机里装进电动机以后，体积就小不了，重量就轻不了，成本就很难降下来。如果要为它再去特别设计一种专用的超小型电动机，时间又很难保证。

设计人员为此大伤脑筋，想了很多办法都行不通，设计工作长时间止步不前。后来一个不是学电机专业的技术人员想：自动聚焦需要的动力很小，而且距离很短，不用电动机，用弹簧行不行呢？这个突破了“自动聚焦必须用电动机驱动”的新设想提出以后，设计人员们沿着新的思路不断进行探索和试验，没过多久，就相继设计制成了一种又一种小型和超小型的自动聚焦相机。对这种给人们带来了很大的方便、连傻瓜也能使用的“傻瓜相机”，科技界给予了很高的评价，认为它代表了产品开发的一个新的重要方向——傻瓜化，即“功能简单化”“易操作化”，同时也是“高智能化”“高科技化”。

【心灵悟语】

常用的思维方式会让人逐渐形成一种惯性，总是让人们自觉不自觉地沿着以往熟悉的方向和路径进行思考，而不会另辟新路，这叫思维定式。人一旦形成了习惯的思维定式，就会习惯地顺着思维的定式思考问题，不愿也不会转个方向、换个角度想问题，这是很多人的一种愚顽的“不治之症”。

现实生活中，我们之所以常常在很简单的事情上跌倒，究其原因不是我们不聪明，而是我们没有用心去思考、去探究，喜欢凭自己的经验去思考问题、解决问题。或者说这都是经验主义所形成的思维定式惹的祸。所以，一个人要进步，必须学会创新，冲破原有的经验所形成的思维定式。

换一个思路

致富的秘诀，在于“大胆创新、眼光独到”八个大字。

——陈玉书

美国麦克公司董事长库里·恰克以前只是一个小商贩，靠做小生意起家。那一年，他把所有的本钱取出来，购进了一大批日本货，准备在美国出售。不料进货不到两天，还没来得及出售，日本偷袭珍珠港的事件发生了，美国人抵制日货，库里·恰克濒临破产。库里·恰克有苦难言，辛辛苦苦赚来的钱眼看就要泡汤了。他整天坐在椅子上，面对堆积如山的日货长吁短叹，度日如年，几乎想要跳楼自杀。

突然有一天，他想到了一个起死回生的点子，他认为这个点子有试一试的价值。于是，他就在他的商品广告单上用红字写下这么一句话：“美利坚的同胞们，买日货是爱国的最好表现，有爱国心的人不可不买。为什么呢？我们在跟日本打仗，如果人人都买日货，就等于省下一批国内资源。这部分资源就能用作军需品，增强美国的国力。”这寥寥数语产生了很大的作用，看到广告单的人都纷纷买他的日货，这样他的日货很快就卖光了。

【心灵悟语】

面对工作中的诸多难题，如果从正面去想无法解决时，不妨打破常规，从另一方面或另一个角度去思考。就像本来濒临破产的库里·恰克，把抵制日货改变成提倡购买日货，结果他不仅没有亏本，反而赚了一大笔钱。

生活中，我们观察事物的时候，往往是从某个视角出发，形成对该事物的概念或印象。我们只要改变观察的视角，就会有新的看法，赋予事物以新的意义，正是这种新的看法和意义隐藏着机会。

遗产继承人

一个具有天才的禀赋的人，绝不遵循常人的思维途径。

——司汤达

有一个老富翁，他有两个儿子。老富翁年纪大了，他一直在苦苦思索，到底让哪个儿子继承遗产？但他始终拿不定主意。

有一次，当他回忆自己白手起家的青年时代时，忽然灵机一动，找到了考验儿子们的好办法。

他锁上大门，把两个儿子带到一百里外的一座城市里，然后给他们出了个难题，谁答得好，就让谁继承家业。他分别交给儿子一人一串钥匙、一匹快马，看他们谁先回到家，并把大门打开。马跑得飞快，兄弟两个几乎是同时回到家的。但是面对紧锁的大门，两个人都犯愁了。哥哥左试右试，苦于无法从那一大串钥匙中找到最合适的那把；弟弟呢，则苦于没有钥匙，因为他刚才光顾了赶路，钥匙不知什么时候掉在了路上。两个人急得满头大汗。突然，弟弟一拍脑门，有办法了。他找来一块石头，几下子就把锁砸开了，他顺利地进门了。自然，继承权落在了弟弟手里。

【心灵悟语】

看来，开锁不能总是用钥匙，解决问题不能总是靠常规的方法。有时候，很多问题并不是常规的方法和套路就能够解决的，此时，我们就要跳出原有的思维模式，换个角度想问题，往往会出现意外的惊喜。

成功的喜悦从来都是属于那些勇于创新、不落俗套的人。在生活中，只要我们突破固有思维模式，就能最大限度地发挥自己的潜能，高效率地解决摆在面前的各种问题。

战胜弱点小贴士：如何成为一个勇于创新的人

1. 另辟蹊径

对同一事物、同一问题，人们仁者见仁，智者见智，这既是常情，也是常理。如果只是人云亦云，拾人牙慧，则只能惹人生厌。尤其是对一些司空见惯的问题，更不可一味“老生常谈”，重复他人说过无数遍的话，而应有一些自己独到的认识和不同的看法，即使是“一孔之见”“一得之见”，都是可贵的，都能给人耳目一新之感。

2. 要有批判意识和怀疑精神

批判意识和怀疑意识是创新的重要条件。马克思的座右铭就是“怀疑一切”，看问题的时候如果多一些怀疑、多一些批判，会使你闪现思想的光芒。

3. 想象力丰富

缺乏想象力，创新能力肯定不行。因为创新是大脑的创造性思维活动，不异想天开，只是在旧框框中思考，将一事无成。只有具备丰富的想像力，思维敏捷、清晰、灵活，才会有创新。

4. 多参加讨论

“独学而无友，则孤陋而寡闻。”与朋友、同学一起讨论争辩，可以互相启发，容易出现灵感，获得创新成效。

5. 参加创新实践活动

积极参加创新实践活动，尝试用创造性的方法解决实践中的问题。只有在实践中人类才有了无数的发现、发明和创新。实践又能够检验和发展创新，一些重大的创新目标，往往要经过实践的反复检验，才能最终确立和完善。人们越是积极地从事创新实践，就越能积累创新经验，锻炼创新能力，增长创新才干。创新是通过创新者的活动实现的，任何创新思想只有付诸行动，才能形成创新成果。因此重视实干、重视实践是创新的基本要求。

6. 发挥潜意识

考虑问题时，要放松自己，充分发挥潜意识的作用，这样才希望提高创新能力。

不能没有梦想：梦想有多大，舞台就有多大

赎回梦想

梦想无论怎样模糊，总潜伏在我们心底，使我们的心永远得不到宁静，直到这些梦想成为事实才止；像种子在地下一样，一定要萌芽滋长，伸出地面来，寻找阳光。

——林语堂

芝加哥市一位名叫赛尼·史密斯的中年男子向当地法院递交了一份诉状，要求赎回自己去埃及旅行的权利。因为它涉及的内容非同寻常，立即引起了人们极大的关注。

事情发生在40年前，当时赛尼·史密斯只有6岁，在威灵顿小学读一年级。有一天，品德课老师玛丽·安小姐给学生们布置作业，让大家说出自己未来的梦想，全班24名同学都非常积极和踊跃，尤其是赛尼，他一口气就说出两个梦想：一个是拥有自己的一头小母牛，另一个是去埃及旅行一次。

当玛丽·安小姐问到一个名叫杰米的男孩时，不知怎么搞的他一下子没想出自己未来的梦想，因为他所想到的别人都说了。为了让杰米也拥有一个自己的梦想，玛丽·安小姐建议杰米向同学购买一个。于是，在老师的见证下，杰米就用3美分向拥有两个梦想的赛尼买了一个。由于赛尼当时太想拥有一头自己的小母牛了，于是就把第二个梦想“去埃及旅行一次”卖给了杰米。

40年过去了，赛尼·史密斯已是人到中年，并且在商界小有成就。40年来，他去过很多地方，如瑞典、丹麦、希腊、沙特、中国、日本，然而他从来没有去过埃及。难道他没想过去埃及吗？不，他想过。据他说，自从他卖掉去埃及的梦想之后，他就从来没忘记过这个梦想。但是，作为一个虔诚的基督徒和一个诚实的商人，他不能去埃及，因为他已经把这个梦想卖掉了。

现在，他和妻子打算到非洲去旅行，在设计旅行线路时，妻子提议埃及的金字塔是重点观光项目。赛尼·史密斯忍无可忍了，他决定赎回那个梦想，因为他觉得只有这样，他才能心安理得地踏上那片土地。

令人遗憾的是，赛尼·史密斯没有如愿以偿。经联邦法院认定，那个梦想已经价值3 000万美元，赛尼·史密斯要想赎回去必然倾家荡产。其中的缘由，从杰米的答辩状中可以略知一二。

杰米是这样说的：“在我接到史密斯先生的律师送达的副本时，我正在打点行装，准备全家一起去埃及，这好像是我一口回绝史密斯先生要求赎回那个梦想的理由。其实，真正的理由不是我们正准备去埃及，而是这个梦想本身的价值。

“小时候我是个穷孩子，穷到不敢拥有自己的梦想。然而，自从我在玛丽·安小姐的鼓励下，用3美分从史密斯先生那里购买了这个梦想之后，我彻底改变了，我的心灵变得富有了。我不再淘气，不再散漫，不再浪费自己的光阴，我的学习有了很大进步。我之所以能考上华盛顿大学，完全得益于这个梦想，因为我想去埃及。

“我的儿子现在斯坦福大学读书，我想也是得益于这个梦想。因为从小我就告诉他，我有一个梦想，那就是去埃及。如果你能获得好的成绩，我就带你去那个美丽的地方。我想他就是在埃及金字塔的召唤下，走入斯坦福大学的。现在我在芝加哥拥有6家超市，总价值超过2 500万美元。我想，如果我没有那个去埃及旅行的梦想，我是绝对不会拥有这些财富的。尊敬的法官和陪审团的各位女士、先生们，我想，假如这个梦想属于你们，你们也一定会认为它已经融入你们的生命之中，已经和你们的生活、你们的命运紧密相连。你们也一定会认为，这个梦想就是你们的无价之宝。”

要花3000万美元赎回一个以3美分卖出去的梦想，在有些人看来也许没有必要，或者说根本不值得。然而，赛尼·史密斯却发誓说，哪怕花两个3000万，也要将那个梦想赎回。现在他才明白，人的一生中最珍贵的东西就是梦想。

【心灵悟语】

梦想是人生的一部分，有梦想的人生，才是完整的人生。斯蒂芬·霍金曾说过：“如果一个人没有梦想，无异于死掉。因为我有梦想，所以我活着！”

没有梦想的人生是可悲的。梦想如同一张风帆，给人生的小舟加入前进的动力；梦想如同一盏明灯，给人生指明前进的方向。我们要用梦想去构筑生活，然后再从一个梦想走向另一个梦想，在对梦想的不断追逐中使自己的人生变得完整。

关于梦想的作文

不给梦想一个机会，你就永远没有机会。

——马云

英国教师布罗迪在乔迁新居时，找出了一沓练习册，那是他教过的孩子们的写的作文，题目是“未来我是……”。

布罗迪顾不上搬家，随手翻看起来，很快便被孩子们的奇思妙想迷住了。比如，有个孩子说自己是未来的海军大臣，因为他在游泳时不小心喝了许多海水却没淹死。另一个孩子说，他长大后肯定当上法国总统，因为他知道很多法国城市叫什么名字。最了不起的是一个叫戴维的小盲童，他竟异想天开地说自己将来肯定能当上英国的内阁大臣，理由是到目前为止还没有一个盲人进入英国内阁。总之，每个孩子都在习作中说出了自己的梦想。

布罗迪看着这些作文，突然决定他要把这些作文本重新发到他们手中，让他们看看自己童年时的美好愿望是否实现了。于是他在报上登了一则启事，很多当年的学生看到之后都和他联系。

此时，布罗迪老师手里仅剩下一本作文本没人来领。也许这个孩子早就去世了。毕竟时间已经过去半个世纪了，这么漫长的时间曾发生过多少意想不到的事啊？

当布罗迪老师决定把这个没人来领的作文本送给一个收藏博物馆时，意外收到了教育大臣的一封信，信中说：“您还记得那个叫戴维的孩子吗？那就是我，万分感谢您还为我们保存着那份天真的梦想。我已经忘记那个本子了，因为梦想从那时起就一直在我脑子里成长，生根发芽，开花结果。半个世纪过去了，我已经实现了我的梦想。”

【心灵悟语】

你的梦想决定了你的人生，只要心中有梦想，心便永远不会感到迷惘。因为昨天的梦想，可以是今天的希望，并且还可以成为明天的现实。有梦想的人总会创造出伟大的奇迹。梦想在不断地改变着世界，但有些人随着年龄的成长逐渐地失去了曾经拥有的梦想。或许你会说现实太残酷，或许你会说梦想太遥远，或许你会说自己能力不够……有太多的或许，但这些都不是你放弃梦想的理由。

生活中，我们每一个人都应该有一个梦想。如果没有，请尽快寻找你的梦想吧。如果有梦想，就快朝着你梦想的方向行进吧。

实现演员的梦想

梦想只要能持久，就能成为现实。我们不就是生活在梦想中的吗？

——丁尼生

有一个小女孩，居住在纽约州的一个小镇上。从很小的时候起，她就有一个梦想：长大以后要做一名出色的演员。邻居和亲友听后都笑她不切实际，认为她的理想不过是小孩的空想而已。

然而，她为了自己的理想不断地努力，向理想不断地靠近。18岁那年，她终于考入纽约市的一所艺术学校。在学校里，她丝毫不放松，刻苦学习，她相信自己将来一定能够成为一名好演员。可是，尽管她付出了很多，她的成绩并不尽如人意，因为在这所学校里有很多很多天资聪明的优秀学生。3个月过去了，有一天她的母亲收到一封信：“我们学校曾经培养出许多一流的演员，我们为此而骄傲。可是，您的女儿毫无艺术天赋和才能，这样的学生我们从未接受过，她不能再在本校学习了！”

女孩不甘心就这样被踢出校门，更不甘心就这样放弃自己的理想。在后来的两年中，她为了生计，在纽约城里干杂活儿，女招待和服务员等工作她都做过。在工作之余，她还申请参加剧院的彩排，而且彩排没有一分钱的报酬。在公演前的一个晚上，演出的负责人却对她说：“你缺乏艺术细胞，也没有什么表演才能，你走吧！”无疑这句话是扎在她心头的一根刺。

两年之后，她得了肺炎，病魔几乎搞垮了她的身体。因为付不起昂贵的药费，她只能住进一家医疗条件很差的慈善医院。在入院的第三个星期，医生告诉她，很不幸，这辈子她可能再也不能行走了，她腿上的肌肉萎缩了。在这种境况下，她不得不重返曾经从小生活到大的那个小镇。在母亲的鼓励之下，她坚信自己总有一天会重新走路。

母女俩在一位本地医生的帮助下开始进行恢复腿部力量的计划。最初，在她的腿上绑上重20磅的沙袋，双腿绑上夹板，她试着用拐杖支撑行走。她经常摔倒，她的手臂也因为摔跤而变得惨不忍睹。面对母亲含泪的双眼，她总是强忍着剧痛，一次一次微笑着站起来。就这样，接下来的每一天，她都在不间断地练习。终于在两年之后，她能够行走了。虽然走路时略有不适，还有点儿跛，但是她可以通过对身体的调节，让别人几乎看不出来。23岁那年，她重新回到纽约继续追寻着自己的梦想。在以后17年的时间里，她一直碌碌无为，但是她并没有因此而放弃，直到40岁的时候，她才在一部影片中成为一个配角。然而正是因为她的坚持不懈，上帝终于眷顾了她，她朴实的表演打动了亿万观众的心。在此之后，她终于迎来了成功，成为美国乃至世界演艺界闻名的人物，她就是露茜。

【心灵悟语】

只要不放弃自己的梦想，就会抓住希望。在实现梦想的过程中，不管多么坎坷艰难，只要不断努力，就会等到自己想要的结果。任何一个拥有梦想的人，都会在历经苦难之后看到光明和希望。

梦想是一段锲而不舍的追求，梦想是一份神圣高尚的责任。在人生的舞台上，尽情放飞你绚烂的梦想吧。坚守自己的梦想，最终你会摘得属于自己的桂冠。

战胜弱点小贴士：如何做一个有梦想的人

1. 树立目标

首先，我们要根据自己的兴趣爱好及长处，树立明确的人生目标。结合你的实际，问问你自己，你今后想干什么，想成为什么人，把它定为你的目标。目标定得不能虚无缥缈，也不能定得太大，因为这个目标是你力争去实现的，如果不能实现，你会对自己产生怀疑，以致产生失败感。我们把目标分为长期目标、中期目标和近期目标。你现在制定的是你的长远目标。

2. 将梦想和奋斗结合起来

梦想植根于现实的土壤之中，真正有理想的表现是知行合一。对于青少年来说，实践自己梦想的最好行动，就是刻苦学习，全面提高自己的素质，增强自己实现梦想的本领。

3. 要有坚韧不拔的意志

缺乏意志的人往往容易对已经树立了的理想发生动摇，或缺乏使之实现的信心和决心，因而无法让正确的认识和远大的理想化为实际行动。只有那些在达到目标的过程中面对阻碍全力拼搏的人，才有可能顺利达到理想的彼岸。

不可浅薄无知：不断学习，学无止境

知识改变命运

我们一定要给自己提出这样的任务：第一，学习，第二是学习，第三还是学习。

——列宁

拿破仑出身于穷困的科西嘉没落贵族家庭，他父亲送他进了一所贵族学校。他的同学都很富有，大肆讽刺他的穷苦。拿破仑非常愤怒，却一筹莫展，屈服在威势之下。就这样他忍受了足足五年。这五年中的每一次嘲笑、每一次欺侮、每一次轻视，都使他暗暗下定决心，发誓要让那些人看看他确实是高于他们的。

光有决心还不够，还必须拿出实际行动。为此拿破仑心里暗暗计划，决定利用这些没有头脑却傲慢的人作为桥梁，使自己获得财富、名誉和地位。

在他16岁当少尉的那年，他遭受了另外一个打击，那就是他父亲的去世。在那以后，他不得不从很少的薪金中省出一部分来帮助母亲。当他接受第一次军事征召时，必须步行非常长的距离去加入部队。

等他到了部队时，看见他的同伴和在学校里的同学一样，他们用空闲的时间追求女人和赌博。在部队里，他那不受人喜欢的体格使他没有资格得到本该得到的职位，同时，他的贫困也使他失掉了后来争取到的职位。于是，他改变方针。用埋头读书的方法去和别人竞争。读书和呼吸一样是自由的，因为他可以不花钱在图书馆里借书读，这使他有了很大的收获。

他并不读没有意义的书，也不是专以读书来排遣自己的烦闷，而是为自己的理想作准备。他下定决心要让全天下的人知道他的才华。他住在一个既小又闷的房间内，在这里，他脸无血色，孤寂、沉闷，但是他不停地读书。就在这样的条件下，拿破仑凭着坚持不懈的恒心，认真地读了几年书。

通过几年的刻苦攻读，他从书本上所摘抄下来的记录，经后来印刷出来的就有四百多页。他想象自己是一个总司令，将科西嘉岛的地图画出来，运用数学的方法精确地计算出哪些地方应当布防。这使他第一次有机会表现他自己的才华。

拿破仑的长官看见拿破仑的学问很好，便派他在操练场上执行一些有极强的计算能力的工作。他的工作做得很好，于是他获得了新的机会，拿破仑开始走上拥有权势的道路了。

后来，一切的情形都改变了。从前嘲笑他的人，现在都涌到他面前来，想分享一点儿他得到的奖金；从前轻视他的人，现在都希望成为他的朋友；从前说他矮小、无用、死用功的人，现在也都开始尊重他。他们都变成了他的忠心拥戴者。

【心灵悟语】

成功的人有千千万万，但成功的道路却只有一条——学习，勤奋地学习。不必为眼前境遇的不如意而苦恼，相信知识改变命运，投身书籍中，投身学习中，不愁没有梦想中的未来。

知识改变命运，是颠扑不破的真理。谁能掌握更多的知识，谁的见识越多，谁就越可能成功。“善学者尽其理，善行者究其难。”我们要用知识武装自己。

学以致用

实践决定理论，真正的理论也有着领导行动的功用。

——邹韬奋

在我国春秋战国时代，有一位擅长做车轮的能工巧匠，他的名字叫轮扁。

一天，齐桓公在殿堂上读书，轮扁在堂下砍削车轮。齐桓公读书读到妙处，不禁摇头晃脑，口中念念有词，很得意。轮扁见桓公这样爱书，心里觉得纳闷。他放下手中的锥子、凿子，走到堂上问齐桓公说："请问，大王您所看的书，上面写的都是些什么呀？"齐桓公回答说："书上写的是圣人讲的道理。"轮扁说："请问大王，这些圣人还活着吗？"齐桓公说："他们都死了。"于是轮扁说："那么，大王您所读的书，不过是古人留下的糟粕罢了。"

齐桓公很扫兴。他对轮扁说："我在这里读书，你一个做车轮的工匠，凭什么瞎议论呢？你说圣人书上留下的是糟粕，如果你能谈出个道理来，我还可以饶了你；如果你说不出道理来，我非杀了你不可！"

轮扁不紧不慢地回答齐桓公说："我是从自己的职业和经验体会来看待这件事的。就说我砍削车轮这件事吧，速度慢了，车轮就削得光滑但不坚固；动作快了，车轮就削得粗糙而不合规格。只有不快不慢，才能得心应手，制作出质量最好的车轮。由此看来，削车轮也有它的规律。可是，我只能从心里去体会而得到，却难以用言语很清楚明白他讲授给我儿子听，因此我儿子便不能从我这里学到砍削车轮的真正技巧。我已经70岁了，还得凭自己心里的感觉去动手砍削车轮。由此可见，古代圣人心中许多只可意会、不可言传的思想精华已经随着他们死去了，那么大王您今天所能读到的，当然只能是一些古人留下的肤浅粗略的东西了。”

【心灵悟语】

这个故事告诉我们一个道理：学以致用。实践经验是很重要的，因为它不但是产生理论知识的源泉，而且有些精深的技艺是难以从书本上得到的。但是，忽视书本知识，排斥间接经验，盲目地将书本知识一概视为糟粕的观点，也是不可取的。只有将知识与实践结合起来，才会取得良好的效果。

知识只有在运用中才会发挥它的巨大作用，这也正是成功者之所以能做成大事的关键所在。将知识转化为财富，就要养成良好的学以致用的习惯，从而让所学有所用，所学为你所用。

两名大学生

在这个伟大的时代，文盲不是不能读和写的人，而是不能学、无法抛弃陋习和不愿重新再学的人。

——奥文·托佛勒

某软件公司新来了两名大学生：一个叫齐磊，是学数学的；一个叫顾刚，是学计算机的。刚进公司的时候，由于顾刚专业的先天优势，他如鱼得水，获得不少展示才华的机会，他接连在好几个项目中表现出众，一时颇为得意。

一年多来，他一直以自己的专业文凭为荣，总觉得自己是“科班出身”，受过专业系统训练，别人是根本竞争不过他的。于是，他躺在功劳簿上吃起了老本。平时上班一有机会就偷闲玩游戏、上网聊天，对于更深层次的软件开发研究，他没有丝毫涉猎，整天在自己营造的轻松氛围中度过，至今仍是个普通的程序员。而外行的齐磊却成了软件分析师。原因是什么呢？因为齐磊知道自己是学数学的，对计算机只是略知一二，所以就决定从头学起，从认识键盘到安装制作软件，结合教材系统，扎实地对自己的知识系统进行补充，不但工作时间不溜号，而且经常早出晚归，抓住每一分时间学习。

在熟练掌握软件开发技术之后，齐磊并没有松口气，而是把自己的长处充分地利用上，在大型软件的算法上下功夫，以严密的数学思维为基础编写程序。同时，对软件开发的最新动向也时刻关注着，并为此订阅了大量的报刊和杂志，吸收先进的东西，然后再结合现实开发新软件，就是这样不断地充电，齐磊已经从外行变成了内行。

【心灵悟语】

当今社会的人才竞争，说到底是知识的竞争、学习能力的竞争。学历代表过去，只有学习能力才能代表未来。随着时代的发展，竞争程度日趋激烈，竞争已成为促进社会变化与发展的力量，成为人类生存的必然，你能否适应就看你的学习能力了。所以你必须具备充分的学识，接受充分的教育训练，来应对社会生活的变化。如果你满足现状，不思进取，那么，你就不能使自己的命运向更好的方向发展。在当今社会中，任何人都不能满足现状，只有勤奋努力，才能适应时代的变化。

战胜弱点小贴士：如何培养自己的学习能力

1. 树立终身学习的观念

学习应是不断改造自我、不断创新、持之以恒的过程，如果做不到这一点，即使有再高的学习热情，也不会取得学习上的真正成效。因此，我们应对学习有深刻的认识，树立终身学习的观念。

2. 讲究学习方法

增强学习能力要有正确的学习方法。正确的学习方法是由不断探索、总结归纳得来的，因人而异，因时而异。有的人在清晨时学习效果好，而有的人却在夜深人静时学习的效果好；有的人喜欢静思，有的人喜欢争论。无论哪种学习方法，都各有所长，适合自己的、能达到更好的学习效果的，就是好的学习方法。探求到适合自己的学习方法，犹如找到了开启知识宝藏的金钥匙，是会受益终身的。

3. 学习要持之以恒

学习不是可以一蹴而就的，我们应像练拳一样“冬练三九，夏练三伏”，持之以恒。在学习中，一定要制订一个学习计划，自觉养成爱学习、勤学习的良好习惯，让习惯成为自然。自觉、自愿、愉悦地去学习，将学习当作生活的一部分。

4. 虚心向他人求教

当我们遇到问题时，我们自己实在无法解决时，需要求助他人，但是一定要在自己动脑筋后再去求助。这样我们记得牢，以后处理类似问题就有能力了，这也是培养学习能力的一个重要方面。